校企合作精品规划教材
职业教育新形态活页式教材

矿物肉眼鉴定实训

主　编　吕　达　毕　岚
副主编　刘　婷　武　珺

黄河水利出版社
·郑州·

内 容 提 要

本书为校企合作精品规划教材、职业教育新形态活页式教材。本书从矿物的本质——晶体出发,揭示矿物内在规律,在此基础上观察和描述矿物的鉴定特征,最后达到鉴定矿物的目的。本书既是高职高专地质与资源勘查类专业的适用实训教材,又可供从事岩矿鉴定、冶金、采矿、建材等相关专业技术人员及相关部门的管理人员参考使用。

图书在版编目(CIP)数据

矿物肉眼鉴定实训:活页式/吕达,毕岚主编. —郑州:黄河水利出版社,2023.3
ISBN 978-7-5509-3497-9

Ⅰ.①矿… Ⅱ.①吕…②毕… Ⅲ.①矿物鉴定-教材Ⅳ.①P575

中国版本图书馆 CIP 数据核字(2022)第 250103 号

策划编辑:陶金志　电话:0371-66025273　E-mail:838739632@qq.com

出　版　社:黄河水利出版社　　　　　　　　　　　　网址:www.yrcp.com
　　　　　地址:河南省郑州市顺河路黄委会综合楼 14 层　邮政编码:450003
发行单位:黄河水利出版社
　　　　　发行部电话:0371-66026940、66020550、66028024、66022620(传真)
　　　　　E-mail:hhslcbs@126.com
承印单位:河南匠心印刷有限公司
开本:787 mm×1 092 mm　1/16
印张:6.75
字数:150 千字
版次:2023 年 3 月第 1 版　　　　　　　　　　　　印次:2023 年 3 月第 1 次印刷

定价:35.00 元

前　言

党的十八大以来,以习近平同志为核心的党中央以前所未有的力度抓生态文明建设,努力建设人与自然和谐共生的现代化,实现中华民族伟大复兴的中国梦。本书以习近平生态文明思想为核心,开展专业技术技能教学,通过学习组成地球的基本单元——矿物,认识自然、了解自然、更好地利用自然,从而达到与自然和谐共生。本书从专业层面切实做到与习近平生态文明思想相一致,推动形成人与自然和谐发展现代化建设新格局。

本书为理实一体化实训教材。为贯彻落实中共中央办公厅、国务院办公厅《关于深化新时代学校思想政治理论课改革创新的若干意见》,深入实施《高等学校课程思政建设指导纲要》,本书融入了思政小课堂,从而达到德技并修、育训结合的职业教育要求。本书将矿物的肉眼鉴定技能分解为 5 个大项目,18 个小任务,从认识矿物的本质——晶体出发,揭示矿物内在规律,在此基础上观察和描述矿物的鉴定特征,最后达到鉴定矿物的目的。本书条理清晰、层层递进、深入浅出,弱化了晦涩难懂的纯理论知识,突出了生动具体的专业技能,实现了任务驱动下的"SKOL"模式教学,对接"1+x"证书,达到课证融通。

本书由安徽工业经济职业技术学院吕达、毕岚担任主编,刘婷、武珺担任副主编。本书编写过程中,得到了众多行、企专家的全面细致审阅,并提出了许多建设性的宝贵意见,在此要特别感谢以下企业:北京水远山长矿物标本有限责任公司、合肥古琦珠宝有限公司、安徽国鑫黄金珠宝检测中心有限公司。此次编写工作实现了与行、企的深度融合,进而提高了教材的专业性与实用性。本书编写过程中,参阅了大量相关文献和网络资源,在此向这些文献和资源的原创者致以诚挚的感谢!同时黄河水利出版社对本书的出版给予了大力支持,在此一并表示感谢!

由于时间及编者水平所限,书中错误与不足在所难免,诚望广大读者和同行专家、学者批评指正,以便今后修改完善,在此深表感谢!

编　者
2022 年 12 月

目 录

前言
项目一 晶体的认识 …………………………………………………………………… (1)
    任务一 在晶体模型上找对称要素 …………………………………………… (1)
    任务二 应用对称要素组合定理找对称要素 ………………………………… (2)
    任务三 确定对称型和晶族晶系 ……………………………………………… (2)
项目二 晶体定向及晶面符号的确定 ……………………………………………… (8)
    任务一 晶体的三轴定向 ……………………………………………………… (8)
    任务二 晶体的四轴定向 ……………………………………………………… (11)
项目三 单形认识和聚形分析 ……………………………………………………… (16)
    任务一 单形的认识 …………………………………………………………… (16)
    任务二 聚形分析 ……………………………………………………………… (27)
项目四 矿物描述 …………………………………………………………………… (34)
    任务一 矿物的形态描述 ……………………………………………………… (34)
    任务二 矿物光学性质描述 …………………………………………………… (39)
    任务三 矿物力学及其他性质描述 …………………………………………… (45)
项目五 矿物的肉眼鉴定 …………………………………………………………… (52)
    任务一 自然元素矿物、卤化物矿物鉴定 …………………………………… (53)
    任务二 硫化物矿物鉴定 ……………………………………………………… (57)
    任务三 氧化物矿物、氢氧化物矿物鉴定 …………………………………… (61)
    任务四 岛状、环状硅酸盐矿物鉴定 ………………………………………… (65)
    任务五 链状硅酸盐矿物鉴定 ………………………………………………… (69)
    任务六 层状硅酸盐矿物鉴定 ………………………………………………… (73)
    任务七 架状硅酸盐矿物鉴定 ………………………………………………… (77)
    任务八 其他含氧盐矿物鉴定 ………………………………………………… (85)
附录 矿物肉眼鉴定简表 …………………………………………………………… (90)
    附录1 金属或半金属 ………………………………………………………… (90)
    附录2 非金属 ………………………………………………………………… (94)
参考文献 ……………………………………………………………………………… (101)

项目一　晶体的认识

【项目说明】

本项目为晶体的认识，包含 4 个主要内容：晶体对称、对称操作、对称要素和对称型。通过本项目的学习使同学们有以下的专业技能：

1. 理解晶体对称、对称操作、对称要素和对称型概念；
2. 学会运用对称要素组合定律在晶体模型上找对称要素并确定对称型；
3. 掌握晶体的对称分类，熟悉晶族晶系的划分原则。

【项目任务】

任务一　在晶体模型上找对称要素；

任务二　应用对称要素组合定理找对称要素；

任务三　确定对称型和晶族晶系。

【项目成果】

对上述实习模型进行对称操作，记录内容、顺序和格式。

任务一　在晶体模型上找对称要素

一、对称面(P)

通过晶体中心并将晶体分为互为镜像的两个部分的假想平面，称为对称面。根据对称面的概念，选取一平面，将晶体分为两个相等的部分，观察这两部分呈镜像反映，则此平面为对称面。在晶体中对称面可能存在的位置是：①垂直平分晶面；②垂直晶棱并通过它的中点；③包含晶棱并平分此棱两边晶面所夹的角。在找对称面时，晶体模型尽量不要转动，以免在确定对称面的数目时发生遗漏或重复。

二、对称轴(L^n)

围绕一假想直线旋转，可使晶体上相同部分重复出现，则此直线为对称轴。对称轴有低次轴 L^2 和高次轴 L^3、L^4、L^6 四种。找对称轴时，使晶体模型围绕通过晶体中心的一直线旋转，观察晶体在旋转一周后，相同的部分重复出现的次数，即可确定对称轴的轴次，即 $n=360°/\alpha$。在晶体模型上，对称轴可能出现的位置是：①晶面的中心；②晶棱的中点；③通过角顶。通过两个角顶或通过一个角顶和一晶面中心。在确定对称轴的数目时，为避免遗漏或重复计数，应注意出露对称轴的相同位置的数目，此数目的 1/2 即为这种对称轴的数目。如立方体有 6 个正方形的面，面中心处有 L^4，故有 3 个 L^4。（但亦有少数例外，如四面体中 L^3 有 $4L^3$，出露相同位置，只有 4 处。）

三、旋转反伸轴(L_i^n)

围绕一假想直线,旋转一定角度后,再对此直线上的一个点进行反伸,可使相等部分重复,则此直线为旋转反伸轴。旋转反伸轴常用的是 L_i^4 和 L_i^6。

(1)找 L_i^4 时,由于 L_i^4 包含 L^2。而无对称中心时,则围绕此 L^2 旋转90°后,过此直线中心点进行反伸,若反伸后与原图形一致,则此直线为 L_i^4。

(2)找 L_i^6 时,由于 $L_i^6 = L^3 + P_\perp$,故当有对称面与 L^3 垂直时,此 L_3 为 L_i^6。

(3)当晶体模型有 L_i^4 和 L_i^6 时,应注意在 L_i^4 和 L_i^6 中所包含的 L^2 或 L^3 和 $P_\perp$ 不再单独计数。

四、对称中心(C)

对称中心是一个假想的点,通过此点作任意直线,在此直线上距对称中心等距离的两端有对应的点。将晶体模型上每个晶面逐一检查,若所有晶面都是两两相等,并呈反向平行时,则此晶体有对称中心。晶体上可以没有对称中心;若有,对称中心则只能有一个。

任务二 应用对称要素组合定理找对称要素

定理一:$L^n \times P_{\parallel} \to L^n nP$

定理二:$L^n \times L_\perp^2 = L^n nL^2$

定理三:L^n(偶次)$\times P_\perp \to L^n PC$

定理四:当 n 为奇数时:$L_i^n \times L_\perp^2$(或 $P_{\parallel}$)$\to L_i^n nL^2 nP$

当 n 为偶数时:$L_i^n \times L_\perp^2$(或 $P_{\parallel}$)$\to L_i^n n/2L^2 n/2P$

定理五:$L^n \times L^m \to mL^n nL^m$(当 L^3 与 L^4 斜交时)

任务三 确定对称型和晶族晶系

结晶多面体中,全部对称要素的组合称为该结晶多面体的对称型。表示方法是将找出的对称要素写在一起,即为该结晶多面体的对称型。书写的顺序依次为对称轴(由高次轴到低次轴)、对称面和对称中心。如 $3L^4 4L^3 6L^2 9PC$。得出对称型后,确定所在的晶族和晶系。

项目 1　模型进行对称操作

模型号	对称中心	对称面	对称轴	旋转反伸轴	对称型	晶系	晶族

续表

模型号	对称中心	对称面	对称轴	旋转反伸轴	对称型	晶系	晶族

【成绩考核】

1. 自我评价与组员互评

自我评价与组员互评

实训名称		学号组别		姓名	
序号	考核项	分值	实训要求	自我评定	备注
1	实训态度	10	实训态度认真		
2	实训纪律	10	遵守实训纪律		
3	团队协作	10	团队协作能力强		
4	实训表填写完整度	15	实训表填写完整		
5	实训表填写准确度	15	实训内容填写准确		
6	实训表填写整洁度	10	字迹工整整洁		
7	实训内容完成时间	10	能按时完成各实训内容		
8	实训报告线上提交	15	内容齐全,次序合理,书写整洁美观		
9	分析问题和解决问题的能力	5	分析和解决实训问题能力强		

实训总结与反思：

组长评价：_____。

小组其他同学评价：_____、_____、_____、_____。

2. 教师评价

实训指导教师评价

实训名称		学号组别		姓名	
序号	考核项	分值	实训要求	考核评定	备注
1	实训态度	10	实训态度认真		
2	实训纪律	10	遵守实训纪律		
3	团队协作	10	团队协作能力强		
4	实训表填写完整度	15	实训表填写完整		
5	实训表填写准确度	15	实训内容填写准确		
6	实训表填写整洁度	10	字迹工整整洁		
7	实训内容完成时间	10	能按时完成各实训内容		
8	实训报告线上提交	15	内容齐全,次序合理,书写整洁美观		
9	分析问题和解决问题的能力	5	分析和解决实训问题能力强		

存在问题：

指导教师：_____

评价时间：____年___月___日

【思政小课堂】

我们既要绿水青山,也要金山银山。宁要绿水青山,不要金山银山,而且绿水青山就是金山银山。

马克思主义的自然观从来就不是基于抽象的思辨,而是基于人类实践基础上人与自然关系的思考。习近平"两山论"的自然观是基于人与自然关系的思考,全面地阐释了生态文明时代人与自然的关系,既肯定人文世界的独立价值,又肯定自然的优先性和本源性,并指出了人类文明的终极归属。

人文世界的独立价值:既要绿水青山,也要金山银山

自然世界和人文世界皆有其相对独立的领地。在"两山论"中,"绿水青山"代表自然世界,"金山银山"代表人文世界。客观上讲,自然世界先于人文世界而存在,自然的运行具有其自身的规律,自然世界的独立性自不待言。但是,人文世界从自然世界分化之后,亦具有相对独立的领地。在人与自然的关系的思考中,习近平"两山论"的自然观首先肯定了人文世界的独立价值,肯定人类对自然进行奋斗所取得的文明成果。习近平的自然观不脱离人类的社会实践,即便是在生态文明的时代,也不是抽象地谈保护生态环境,而是首先肯定人类发展的正当性,如果人类的生存都无法保障,徒有良好的生态环境亦将失去意义。

自然优先性、本源性:宁要绿水青山,不要金山银山

在习近平的自然观中,自然世界具有优先性。一方面,自然世界是人文世界的母体。人因自然而生,自然世界先于人文世界而存在是不争的事实,即自然世界具有事实上的先在性。人类文明的大厦建基于自然世界之上。另一方面,人类的发展不能背离自然。只有尊重自然规律,才能有效防止在开发利用自然上走弯路。如果说党的十六届四中全会提出的"四位一体"是肯定人文世界的独立价值的话,那么党的十七大提出建设生态文明,进而在党的十八大提出"五位一体",则是充分认识到自然世界的优先性。这是对人与自然关系更为深刻的认识。

人类文明的终极归属:绿水青山就是金山银山

"两山论"的自然观既肯定人文世界的独立价值,又肯定自然的优先性、本源性,最后指明了人类文明的终极归属,最终达成人文世界与自然世界的和解。绿水青山就是金山银山指明自然世界与人文世界的和解之道。一方面,"绿水青山"是人类创造"金山银山"可以利用的优质资源;另一方面,"绿水青山"也可以提供优质生态产品,直接转化为"金山银山",同时也满足了人民日益增长的优美生态环境需要。人类可以在"绿水青山"的基础上,寻求更为合理的发展之道,这是人类文明的终极归属,是生态文明时代的"天人合一"。在人与自然和谐共生现代化建设新格局中,人类文明找准了自己的历史坐标,自然亦复归于"宁静、和谐、美丽"。人文世界与自然世界皆得到尊重和合理的安顿,这就为人类未来的可持续发展提供了中国智慧和中国方案。

(摘自:求是网,http://www.qstheory.cn/zoology/2019-09/03/c_1124954363.html,2019-09-03,崔树芝)

项目二 晶体定向及晶面符号的确定

【项目说明】
1. 掌握低级晶族晶体定向原则和晶体常数特征,并写出晶面符号;
2. 掌握中级晶族晶体定向原则和晶体常数特征,并写出晶面符号;
3. 掌握高级晶族晶体定向原则和晶体常数特征,并写出晶面符号。

【项目任务】
任务一　晶体的三轴定向;
任务二　晶体的四轴定向。

【项目成果】
对实习模型进行定向分析,书写晶面符号,记录内容、顺序和格式。

任务一　晶体的三轴定向

一、晶体定向的方法

(1) 找出全部对称要素,确定对称型和晶系。
(2) 根据晶体定向原则确定晶轴(单斜、三斜、斜方、四方、等轴晶系)。

二、确定晶面符号

(1) 以晶面在各晶轴上截距系数的倒数比表示。
(2) 当晶面平行晶轴时指数为 0。
(3) 晶面在晶轴上的截距系数相等则指数也相等。
(4) 将各轴指数用"( )"括起即为该晶面的晶面符号。如(hkl)、(110),h 表示晶面在 X 轴上的指数;k 表示晶面在 Y 轴上的指数;l 表示晶面在 Z 轴上的指数。
(5) 晶面符号应以最简单的数字表示。如(220)应写成(110),(h00)应写成(100)。如不能用数字表示,应以字母表示,如(hkl)、($hk0$)。但数字和文字不能混用,如($h10$)是错误的。在同一晶体中不能出现指数相同的晶面符号。

三、任务内容

按图定向 4 个晶体和自行手绘定向 4 个晶体。

项目二　晶体定向及晶面符号的确定

项目 2-1　晶体三轴定向

模型图形				
对称型				
晶系晶族				
定向原则				
晶体常数特点				
晶面符号				

项目 2-2　手绘晶体并三轴定向

手绘模型				
对称型				
晶系晶族				
定向原则				
晶体常数特点				
晶面符号				

任务二　晶体的四轴定向

一、晶体定向的方法

(1)找出全部对称要素,确定对称型和晶系。
(2)根据晶体定向原则确定晶轴(三方、六方晶系)。

二、确定晶面符号

(1)以晶面在各晶轴上截距系数的倒数比表示。
(2)当晶面平行晶轴时指数为0。
(3)晶面在晶轴上的截距系数相等则指数也相等。
(4)将各轴指数用"( )"括起即为该晶面的晶面符号。如$(hkil)$,h表示晶面在X轴上的指数;k表示晶面在Y轴上的指数;i表示晶面在U轴上的指数;l表示晶面在Z轴上的指数。

项目 2-3　晶体的四轴定向

模型图形				
对称型				
晶系晶族				
定向原则（图示）				
晶体常数特点				
晶面符号				

【成绩考核】

1. 自我评价与组员互评

自我评价与组员互评

实训名称		学号组别		姓名	
序号	考核项	分值	实训要求	自我评定	备注
1	实训态度	10	实训态度认真		
2	实训纪律	10	遵守实训纪律		
3	团队协作	10	团队协作能力强		
4	实训表填写完整度	15	实训表填写完整		
5	实训表填写准确度	15	实训内容填写准确		
6	实训表填写整洁度	10	字迹工整整洁		
7	实训内容完成时间	10	能按时完成各实训内容		
8	实训报告线上提交	15	内容齐全,次序合理,书写整洁美观		
9	分析问题和解决问题的能力	5	分析和解决实训问题能力强		

实训总结与反思：

组长评价：_____。

小组其他同学评价：_____、_____、_____、_____、_____。

2. 教师评价

实训指导教师评价

实训名称			学号组别		姓名	
序号	考核项	分值	实训要求		考核评定	备注
1	实训态度	10	实训态度认真			
2	实训纪律	10	遵守实训纪律			
3	团队协作	10	团队协作能力强			
4	实训表填写完整度	15	实训表填写完整			
5	实训表填写准确度	15	实训内容填写准确			
6	实训表填写整洁度	10	字迹工整整洁			
7	实训内容完成时间	10	能按时完成各实训内容			
8	实训报告线上提交	15	内容齐全,次序合理,书写整洁美观			
9	分析问题和解决问题的能力	5	分析和解决实训问题能力强			

存在问题:

指导教师:＿＿＿＿＿＿＿＿＿＿＿＿＿＿＿＿＿

评价时间:＿＿＿＿年＿＿＿月＿＿＿日

【思政小课堂】

"万物各得其和以生,各得其养以成。"生物多样性使地球充满生机,也是人类生存和发展的基础。保护生物多样性有助于维护地球家园,促进人类可持续发展。

"万物各得其和以生,各得其养以成",出自《荀子·天论》。相关原文如下:"列星随旋,日月递炤,四时代御,阴阳大化,风雨博施。万物各得其和以生,各得其养以成。不见其事而见其功,夫是之谓神。皆知其所以成,莫知其无形,夫是之谓天功。唯圣人为不求知天。"大意是斗转星移,日月更替,四季相迭,阴阳和合,风雨交作。世间万物各自得到了阴阳形成的和气而产生,各自得到了风雨的滋养而成就自身。这些皆是自然而然,人们因看不见阴阳化生万物的过程,而只见其成果功效,就称之为神妙莫测。阴阳相合产生万物,并非有超越自然的神道力量起作用,因此聪明睿智之人,不是放弃人事努力,将社会人事皆依赖于"天命""神祇"等超自然力量,而是"制天命而用之"。

《天论》篇中荀子详细讨论了天人关系,他反思夏商周三代以来的天命观,扫除了"天"的神圣性,提出"天人相分"理念,认为"天有其时,地有其财,人有其治,夫是之谓能参",主张人应当致力于掌握自然发展变化的规律,以主观能动性参与天地变化之中,而不应消极接受所谓"天命"安排,向天祈命。

中华优秀传统文化对天人关系的求解是复杂多元的。从"天人合神"的神文主义式的天命观,转向"制天命而用之"的朴素唯物主义的天道观,这无疑是中国传统哲学一次大突破。这一命题完全可以接洽"敬畏自然、尊重自然、顺应自然、保护自然"的当代理念,从而为构建"地球生命共同体"提供中国传统智慧。

人与自然的关系是人类存在的基本关系,也是构建和谐社会的首要前提。可以说,生态文明建设关系到千秋万代。我们将以"创新、协调、绿色、开放、共享"的新发展理念,努力建设好美丽中国,并以此为"地球生命共同体"的构建提供中国智慧、贡献中国力量。

(摘自:中国经济网,http://views.ce.cn/view/ent/202111/01/t20211101_37046149.shtml,2021-11-01,南方日报,史怀刚)

项目三　单形认识和聚形分析

【项目说明】
1. 熟练掌握确定单形符号的原则和方法；
2. 熟悉各晶族各晶系的常见对称型和单形及单形符号；
3. 加深理解晶体对称、对称要素、对称操作和对称型概念；
4. 学会从聚形中分解单形的方法；
5. 加深对单形和聚形概念的理解；
6. 掌握单形相聚的原则。

【项目任务】
　　任务一　单形的认识；
　　任务二　聚形分析。

【项目成果】
　　对模型进行单形认识和聚形分析，记录内容、顺序和格式。

任务一　单形的认识

为了把晶体的对称性质和几何形态联系起来，由此引出单形的概念，即由对称要素联系起来的一组同形等大晶面的组合。也就是说，单形是一个晶体上能够由该晶体的所有对称要素操作而使它们相互重复的一组同形等大的晶面。

一、单形概念的要点和本质特点

（1）单形上的各个晶面必定由不同位置上的对称要素联合作用而重合。

（2）同一单形上的各晶面与对称要素的关系是相同的。表现在各晶面符号的指数的绝对值相等；而同一单形上各晶面的空间方位又是不同的，表现为各晶面的指数值的排列顺序不同和有指数的正负之分。

（3）理想晶体上的同一单形的各晶面都是同形等大的。

（4）实际晶体上，属同一单形的各晶面性质相同。

（5）内部结构上，属同一单形的各晶面面网相同。

二、几何单形的归类

(1) 面类,如平行双面。

(2) 柱类,如四方柱。

(3) 单锥类,如六方单锥。

(4) 双锥类,如斜方双锥。

(5) 偏方面体类,如复三方偏三角面体。

(6) 面体类,如四方四面体。

(7) 八面体类,如四角三八面体。

(8) 四面体类,如四面体。

(9) 立方体类,如立方体。

(10) 十二面体类,如菱形十二面体等。

其他归类,例如:左形与右形、闭形与开形、定形与变形等。

重点掌握22种单形,这22种单形是矿物中经常出现的单形,或是具有典型对称意义的单形,分别是:

(1) 低级晶族(5种):包括单面、平行双面、双面(反映双面和轴双面)、斜方柱、斜方双锥。

(2) 三方、六方晶系(8种):包括三方单锥、三方双锥、三方柱、菱面体、三方偏方面体(左形与右形)、复三方偏三角面体、六方双锥、六方柱。

(3) 四方晶系(3种):包括四方双锥、四方柱、四方四面体。

(4) 等轴晶系(6种):包括立方体、八面体、四面体、菱形十二面体、五角十二面体、四角三八面体。

三、对比相似单形(实例)

(1) 三方双锥、菱面体、三方偏方面体(见图3-1)。

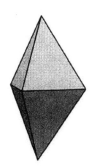  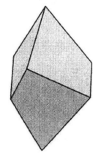 

(a) 三方双锥　　(b) 菱面体　　(c) 三方偏方面体(左形)　　(d) 三方偏方面体(右形)

图3-1　三方双锥、菱面体、三方偏方面体的对比

它们的共同特点是:6个面,上下各3个面,都有唯一的L^3,区别是:三方双锥(对称型L^33L^24P)的上3个面与下3个面互相对应,有1个水平对称面;菱面体(对称型L^33L^23PC)的上3个面与下3个面错开60°,上部的面恰好处在下部2个面的中间,没有水平对称面但是有垂直对称面;三方偏方面体(对称型L^33L^2)的上3个面与下3个面以任意角度错开,既没有水平对称面也没有垂直对称面。

(2)菱形十二面体、五角十二面体(见图3-2)。

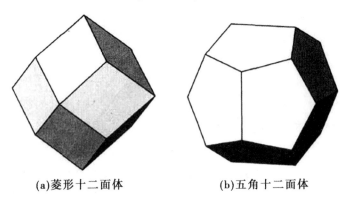

(a)菱形十二面体　　　　(b)五角十二面体

图3-2　菱形十二面体与五角十二面体的对比

这两个单形因为晶面的形状不同,形态上很容易区分,一个是由12个菱形晶面组成,一个是由12个五角形晶面组成。但是,这两个单形在聚形中是很难区别的,因为单形在相聚时会改变其原本的形状,这时就不能单凭晶面形状来区别这两种单形了。它们都有12个晶面,最有效的区别方法是:五角十二面体(对称型$3L^24L^33PC$)长边中点为L^2的出露点,围绕3个晶轴的4个晶面不是等角度相交;菱形十二面体(对称型$3L^44L^36L^29PC$),围绕3个晶轴的4个晶面等角度相交。

四、单形符号

单形符号可以选择单形的一个晶面作为代表晶面,将其晶面指数用"{　}"括起来,代表一个单形的空间方位,该符号即称之为单形符号,简称"形号"。

一般选择原则是:

(1)应选择单形中正指数为最多的晶面,也即选择第一象限内的晶面。

(2)在此前提下,要求尽可能使$\{h\} \geq \{k\} \geq \{l\}$,即尽可能靠近前面,其次靠近右边,再次靠近上边。

项目三　单形认识和聚形分析

项目 3-1　单形认识（一）

模型图片	◇	◇◇	▯	△	△	♦
单形名称						
对称型						
晶系晶族						
晶体常数						
结晶轴安置						
晶面符号						
单形特征						

项目3-2 单形认识(二)

模型图片						
单形名称						
对称型						
晶系晶族						
晶体常数						
结晶轴安置						
晶面符号						
单形特征						

项目3-3　单形认识(三)

模型图片						
单形名称						
对称型						
晶系晶族						
晶体常数						
结晶轴安置						
晶面符号						
单形特征						

项目3-4 单形认识(四)

模型图片						
单形名称						
对称型						
晶系晶族						
晶体常数						
结晶轴安置						
晶面符号						
单形特征						

项目三 单形认识和聚形分析

项目 3-5 单形认识(五)

模型图片					
单形名称					
对称型					
晶系晶族					
晶体常数					
结晶轴安置					
晶面符号					
单形特征					

项目3-6 单形认识(六)

模型图片					
单形名称					
对称型					
晶系晶族					
晶体常数					
结晶轴安置					
晶面符号					
单形特征					

【成绩考核】

1. 自我评价与组员互评

自我评价与组员互评

实训名称		学号组别		姓名	
序号	考核项	分值	实训要求	自我评定	备注
1	实训态度	10	实训态度认真		
2	实训纪律	10	遵守实训纪律		
3	团队协作	10	团队协作能力强		
4	实训表填写完整度	15	实训表填写完整		
5	实训表填写准确度	15	实训内容填写准确		
6	实训表填写整洁度	10	字迹工整整洁		
7	实训内容完成时间	10	能按时完成各实训内容		
8	实训报告线上提交	15	内容齐全,次序合理,书写整洁美观		
9	分析问题和解决问题的能力	5	分析和解决实训问题能力强		

实训总结与反思:

组长评价:＿＿＿＿＿＿＿＿＿＿＿＿＿＿＿＿＿。

小组其他同学评价:＿＿＿＿、＿＿＿＿、＿＿＿＿、＿＿＿＿。

2. 教师评价

实训指导教师评价

实训名称		学号组别		姓名	
序号	考核项	分值	实训要求	考核评定	备注
1	实训态度	10	实训态度认真		
2	实训纪律	10	遵守实训纪律		
3	团队协作	10	团队协作能力强		
4	实训表填写完整度	15	实训表填写完整		
5	实训表填写准确度	15	实训内容填写准确		
6	实训表填写整洁度	10	字迹工整整洁		
7	实训内容完成时间	10	能按时完成各实训内容		
8	实训报告线上提交	15	内容齐全,次序合理,书写整洁美观		
9	分析问题和解决问题的能力	5	分析和解决实训问题能力强		

存在问题：

指导教师：_____

评价时间：_____年___月___日

任务二 聚形分析

一、聚形分析步骤

(1) 找出晶体的对称要素,确定对称型,划分所属晶簇、晶系。因为不同的对称形式所能出现的单形是不同的。

(2) 确定晶体上有几种不同的晶面,从而确定此聚形晶体是由几个单形组成的。因为在理想形态上,同一个单形上的各晶面必定是同形等大的。

(3) 根据每一单形的晶面数、晶面的对应关系、晶面与对称要素或晶轴的关系以及晶体的对称程度确定各单形的名称,并写出其单形符号。

(4) 分析聚形时应注意:

①属于同一对称型的单形才能相聚(这里的对称型指的是结晶单形的对称型)。如果只考虑单形的几何形态,一般地说,也只有同一晶系的单形才能相聚。只有少数单形可在几个晶系中出现,例如:平行双面可以在低级晶簇和中级晶簇的各个晶系中出现;六方柱和六方双锥可出现在三方和六方两个晶系;斜方柱可出现在斜方和单斜两个晶系等。

②单形相聚形成聚形时,由于晶面互相切割而改变了单形原来的晶面形状,因此不能根据聚形晶体中的晶面形状来确定单形的名称。

③在一个晶体中,可以出现两个或两个以上名称相同的单形。如锆石晶体就常见两个四方双锥和两个四方柱。同一晶体上,同名单形,其单形符号不同,因为它们的空间方位有差异。

④不能把同形等大的一组晶面(一个单形)分成几个单形;如立方体的六个相同的晶面,不能看作三个平行双面。

二、聚形分析实例

(一) 低级晶族聚形分析

对称型(见图3-3)为:L^2PC,单斜晶系,低级晶族。由4种形态的晶面组成,即由4个单形组成:第一个单形是平行双面,上、下一对;第二个单形是平行双面,左、右一对;第三个单形是斜方柱,由前面两个和后面两个晶面组成,共4个晶面,都平行于Z轴;第四个单形是平行双面,是由前下方一个晶面与后上方一个晶面组成的。结晶轴安置:以唯一的L^2或P的法线作为Y轴,X、Z轴只能选择晶棱的方向,有6条晶棱的方向作为Z轴,有4条晶棱的方向作为X轴,并且按规定,$\beta>90°$,所以X轴的正向要指向前下方。分别写出其单形的符号:第一个平行双面$\{001\}$;第二个平行双面$\{010\}$;第三个斜方柱$\{hk0\}$;第四个平行双面$\{h0\bar{l}\}$。

(二) 四方晶系聚形分析

对称型(见图3-4)为:L^44L^25PC,四方晶系,中级晶族。聚形由两种形态的晶面组成,即由两个单形组成:一个是四方柱;另一个是四方双锥。结晶轴安置:以唯一的L^4作为Z

轴,从 4 个 L^2 中选择两个相互垂直的做 X、Y 轴。分别写出其单形的符号:四方柱$\{100\}$、四方双锥$\{hhl\}$。

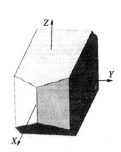

图 3-3　低级晶族聚形分析图示

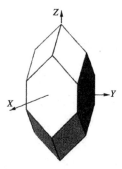

图 3-4　四方晶系聚形分析图示

(三) 三方、六方晶系聚形分析

属于同一对称型的结晶单形才能相聚,三方晶系与六方晶系的对称性是兼容的,所以,三方晶系的单形与六方晶系的单形往往具有相同的结晶单形的对称型,所以它们往往可以相聚,如三方柱与六方柱、菱面体与六方柱都可以相聚。

对称型(见图3-5)为:$L^3 3L^2 3PC$,三方晶系,中级晶族,由 3 种形态的晶面组成,即由 3 个单形组成:第 1 个单形是六方柱;第 2 个单形是菱面体,由较大的 6 个端面组成,上部 3 个晶面、下部 3 个晶面,错开60°;第 3 个单形也是菱面体,由较小的 6 个端面组成,也是上部 3 个晶面、下部 3 个晶面,错开60°。结晶轴的安置:以唯一的 L^3 作为 Z 轴,3 个 L^2 作为 X、Y、U 轴。分别写出其单形的符号:六方柱代表晶面在正前方$\{10\bar{1}0\}$、菱面体代表晶面正前方的上部$\{h0\bar{h}l\}$、菱面体代表晶面在右方上部$\{0k\bar{k}l\}$。也可以将代表晶面选择在正前方下部,恰好在前述的菱面体$\{h0\bar{h}l\}$的代表晶面正下方,形号为$\{h0\bar{h}\bar{l}\}$。该模型上的两个菱面体为正形与负形的关系。

(四) 等轴晶系聚形分析

对称型(见图3-6)为:$3L^4 4L^3 6P$,等轴晶系,高级晶族。聚形由两种形态的晶面组成,即由两个单形组成:一种为等边三角形的晶面,共 4 个,共同组成一个四面体;另一种是长条形晶面,共 6 个,这 6 个长条形晶面是两两平行的,因为它们组成立方体。结晶轴安置:3 个 L_i^4 作为 X、Y、Z 轴。分别写出其单形的符号:四面体$\{111\}$、立方体$\{100\}$。

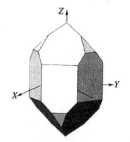

图 3-5　三方、六方晶系聚形分析图示

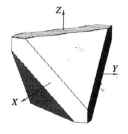

图 3-6　等轴晶系聚形分析图示

项目三 单形认识和聚型分析

项目 3-7 聚形分析（一）

矿物名称	黄铁矿			黝铜矿			方铅矿		
模型图形									
对称型									
晶族、晶系									
定向 — 定向原则									
定向 — 晶体常数特点									
单形数目									
聚形分析	晶面数	单形名称	单形符号	晶面数	单形名称	单形符号	晶面数	单形名称	单形符号
	e:			o:			o:		
	o:			o':			a:		

项目 3-8　**聚形分析(二)**

矿物名称	方硼石	黄铁矿	石榴子石
模型图形			
对称型			
晶族、晶系			
定向　定向原则			
定向　晶体常数特点			
单形数目			
聚形分析	晶面数 / 单形名称 / 单形符号　　a:　d:　o:　o':	晶面数 / 单形名称 / 单形符号　　o:　e:	晶面数 / 单形名称 / 单形符号　　d:　n:

【成绩考核】

1. 自我评价与组员互评

自我评价与组员互评

实训名称		学号组别		姓名	
序号	考核项	分值	实训要求	自我评定	备注
1	实训态度	10	实训态度认真		
2	实训纪律	10	遵守实训纪律		
3	团队协作	10	团队协作能力强		
4	实训表填写完整度	15	实训表填写完整		
5	实训表填写准确度	15	实训内容填写准确		
6	实训表填写整洁度	10	字迹工整整洁		
7	实训内容完成时间	10	能按时完成各实训内容		
8	实训报告线上提交	15	内容齐全,次序合理,书写整洁美观		
9	分析问题和解决问题的能力	5	分析和解决实训问题能力强		

实训总结与反思:

组长评价:_____。

小组其他同学评价:_____、_____、_____、_____。

2. 教师评价

实训指导教师评价

实训名称			学号组别		姓名	
序号	考核项		分值	实训要求	考核评定	备注
1	实训态度		10	实训态度认真		
2	实训纪律		10	遵守实训纪律		
3	团队协作		10	团队协作能力强		
4	实训表填写完整度		15	实训表填写完整		
5	实训表填写准确度		15	实训内容填写准确		
6	实训表填写整洁度		10	字迹工整整洁		
7	实训内容完成时间		10	能按时完成各实训内容		
8	实训报告线上提交		15	内容齐全,次序合理,书写整洁美观		
9	分析问题和解决问题的能力		5	分析和解决实训问题能力强		

存在问题:

指导教师:_____

评价时间:_____年___月___日

【思政小课堂】

要站在人与自然和谐共生的高度来谋划经济社会发展，坚持节约资源和保护环境的基本国策，坚持节约优先、保护优先、自然恢复为主的方针，形成节约资源和保护环境的空间格局、产业结构、生产方式、生活方式，统筹污染治理、生态保护、应对气候变化，促进生态环境持续改善，努力建设人与自然和谐共生的现代化。

习近平总书记不久前在北京以视频方式出席领导人气候峰会，并发表题为《共同构建人与自然生命共同体》的重要讲话。在讲话中，习近平总书记再次重申了"人与自然生命共同体"理念。"人与自然生命共同体"是一个生态哲学的概念。所谓生态，其含义就是指"生命态"。在汉语中，"态"有形态或状态之义。在这个意义上说，用生态哲学的观点看世界，就是把世界看作一个以"生命形态"生存着的"活的世界"。这样的世界是一个具有组织性、秩序性的巨大系统。所谓生命态，就是指这个生态系统相对稳定的"平衡态"，所谓生存就是指这一系统的"自组织""自维生"的活动。所谓生存价值就是这个生命系统所追求的最高价值。

但是，在自然界中不仅有鸟兽鱼虫等生命个体的存在，也有山川土石等非生命物体的存在，那么，我们又如何把"人与自然的关系"看成是一个生命的"共同体"呢？生态科学和生态哲学都为我们提供了理解这个问题的根据：虽然我们不否认自然界中有非生命物的存在，但是，当这些非生命的物体进入到这个系统的组织以后，它们就必须服从这个生命系统的组织与秩序，因而也就成了这个生命系统的内在要素和组成部分。因此，生态哲学认为，生态系统就是自然界的"生命系统"，自然的世界，就是一个生命世界。承认了自然界是一个生命的世界，就必然引出了"人与自然"是一个"生命共同体"的论断。人与自然都是生命，生命之间具有共同的属性，服从着同一种秩序，遵循着相同的原理，具有相同的追求生存的"价值指向"。正是在这个意义上，我们必须承认人与自然是一个生命共同体。

人与自然的生命共同体是一个"命运共同体"。这里使用的命运概念，是指生命有机体所具有的一种不可改变的、必然的行为趋势、价值指向和最终归宿。生存是生命的天命，因而生存就是一切生命不可改变的命运。同样，如果没有人与自然的和谐共生，也就不能维持人与自然这个生命共同体的可持续生存。因此，人类必须顺势而行，尊重自然生命，保护自然，把实现人与自然的和谐共生看作是人与自然这一生命共同体得以保全的必要条件。

（摘自：求是网，http://www.qstheory.cn/qshyjx/2021-05/24/c_1127484431.htm，2021-05-24，光明日报，刘福森）

项目四　矿物描述

【项目说明】
1. 学会观察矿物标本上的各种矿物形态特点,并进行描述;
2. 准确描述矿物标本的光学性质:颜色、条痕、光泽、透明度;
3. 准确描述矿物标本的力学性质及其他特性:解理、断口、硬度、比重、磁性等。

【项目任务】
任务一　矿物的形态描述;
任务二　矿物光学性质描述;
任务三　矿物力学及其他性质描述。

【项目成果】
对矿物标本进行准确描述,记录内容、顺序和格式。

任务一　矿物的形态描述

矿物的形态包括矿物的单体和集合体的形态。其中,单体形态分为规则和不规则两大类:规则单体为理想形态;不规则单体具晶面特征(晶面花纹或蚀象等现象);晶体习性;双晶或平行连晶。集合体形态可以分为:显晶集合体、隐晶集合体、胶态集合体。

一、矿物的单体形态

单体形态指矿物单晶体的形态,规则的理想晶体,一般遵循结晶学中的规则,为面平、棱直、同形等大的几何多面体外形,但是实际上晶体在生长过程中或晶体长成之后,总是不可避免地要受到外界复杂因素的影响,致使晶体不能按理想形态发育,出现"歪晶"现象。这里有一个重要的概念就是晶体习性,晶体习性即在相同生长条件下形成的各种晶体所具有的习性形态,晶体习性与其成分、结构和形成环境密切相关,我们可以利用单形出现的情况来鉴定矿物及分析矿物形成的条件,例如:花岗岩中的锆石晶形具有重要的标型意义。

描述单晶体的形态:如果单晶体晶形理想,晶面完整,可以按单形名称描述,如黄铁矿的立方体单形,萤石的八面体单形,石榴子石四角三八面体单形等,但是实际往往会出现歪晶,这时判断单形名称比较困难,要根据其晶面分布的空间对称性等特点来判断,必要时,还可根据晶体的测量数据、晶面花纹等来判断。另外,双晶或平行连晶描述根据具体情况而定,例如方解石的接触式双晶、金绿宝石的轮式双晶、石膏的燕尾双晶、钾长石的卡斯巴双晶、斜长石的聚片双晶等。如果单体晶面不完整,则用柱状、粒状、针状、板状、片状等名词来描述亦可。

二、矿物集合体形态

矿物集合体形态中，显晶集合体是比较容易观察与描述的，根据肉眼可见的单晶体形态与大小来描述：如柱状集合体、粒状集合体、针状集合体、纤维状集合体、板状集合体、放射状集合体、片状集合体等。隐晶和胶态集合体因为单晶体肉眼不可见，因此比较难观察与描述，只能根据集合体总体外貌来描述，如鲕状、豆状、肾状、葡萄状、结核体、钟乳状、分泌体、杏仁体等，其中结合体、鲕状、豆状、肾状、葡萄状、钟乳状都是由内部向外部层层沉淀凝固形成的，而分泌体、杏仁体是由外部向内部层层沉淀凝固形成的，其中沉淀不能够形成单晶体，只能形成胶态矿物，沉淀不是生长而是胶粒的堆积凝固。

注意：

（1）在矿物形态观察描述中，如何判断矿物标本是单晶体还是隐晶或胶态集合体？观察外部轮廓是浑圆状，或有些标本发育同心环带状构造一定不是单晶体，而是隐晶和胶态集合体；观察外部轮廓呈不规则状，有可能是隐晶和胶态集合体，也有可能是单晶体，这时要借助于显微镜、其他测试手段进一步确定。

（2）显晶集合体和在隐晶、胶态集合体描述术语不一样，两者不能混淆，但是放射状的晶体，既可以描述显晶集合体，也可以用在隐晶、胶态集合体描述中，这是因为后期晶化作用形成的，即原来的隐晶、胶态矿物在长期的地质年代中自发转变成晶体。

项目 4-1　矿物形态描述

矿物名称	形态描述	其他

【成绩考核】

1. 自我评价与组员互评

自我评价与组员互评

实训名称		学号组别		姓名	
序号	考核项	分值	实训要求	自我评定	备注
1	实训态度	10	实训态度认真		
2	实训纪律	10	遵守实训纪律		
3	团队协作	10	团队协作能力强		
4	实训表填写完整度	15	实训表填写完整		
5	实训表填写准确度	15	实训内容填写准确		
6	实训表填写整洁度	10	字迹工整整洁		
7	实训内容完成时间	10	能按时完成各实训内容		
8	实训报告线上提交	15	内容齐全,次序合理,书写整洁美观		
9	分析问题和解决问题的能力	5	分析和解决实训问题能力强		
实训总结与反思:					

组长评价：＿＿＿＿＿＿＿＿＿＿＿＿＿＿＿＿＿＿。

小组其他同学评价：＿＿＿＿、＿＿＿＿、＿＿＿＿、＿＿＿＿、＿＿＿＿。

2. 教师评价

实训指导教师评价

实训名称		学号组别		姓名	
序号	考核项	分值	实训要求	考核评定	备注
1	实训态度	10	实训态度认真		
2	实训纪律	10	遵守实训纪律		
3	团队协作	10	团队协作能力强		
4	实训表填写完整度	15	实训表填写完整		
5	实训表填写准确度	15	实训内容填写准确		
6	实训表填写整洁度	10	字迹工整整洁		
7	实训内容完成时间	10	能按时完成各实训内容		
8	实训报告线上提交	15	内容齐全,次序合理,书写整洁美观		
9	分析问题和解决问题的能力	5	分析和解决实训问题能力强		

存在问题:

指导教师:＿＿＿＿＿＿＿＿＿＿＿＿＿＿＿

评价时间:＿＿＿＿年＿＿＿月＿＿＿日

任务二 矿物光学性质描述

一、矿物的颜色

矿物的颜色理论上来说是矿物表面对入射的可见光中不同波长的光波选择性吸收后,透射和反射的各种波长可见光的混合色。描述矿物的颜色,需要避开其风化面、氧化面、杂质,在矿物的新鲜面上观察。

矿物的颜色多种多样,在描述时所采用的原则是简明、通俗,力求确切。

(1)标准色谱法:利用标准色谱描述矿物的颜色。

(2)类比法:最好用常见物体作比喻,如铅灰、铁黑、天蓝、樱红、乳白等。

(3)二名法:当矿物的色彩是由多种色调构成时,就用两种颜色来描述,如黄绿、橙黄等;若是同一颜色,但在色上有深浅、浓淡之分,则在色别之前加上适当的形容词,如深蓝、暗绿、鲜红等。

注意:(1)以矿物新鲜面颜色为准,尽可能避开假色(锖色、晕色、变彩等)和他色。

(2)注意观察矿物颜色的细微差别。

(3)注意区分金属色(不透明矿物)和非金属色(透明—半透明矿物):对于金属色,一般都不用标准色法和二色法,较多使用与某种金属相似的类比法来描述,如古铜色、铜黄色、金黄色、锡白色、铅灰色等;对于非金属色,3种方法均可使用,也可以采用非金属物质类比法来描述,如橘红色、樱红色、草绿色等。

二、矿物的条痕

矿物的条痕是指矿物在无釉素瓷板上摩擦时留下的粉末的颜色。只有硬度比素瓷板低的矿物(绝大多数的矿物)才能用此法获得条痕。多数情况下,矿物的条痕色比颜色更深。这是因为粉末的表面凹凸不平,缝隙甚多,反射能力很弱。但入射光进入粉末内部遇到的每一颗粒界面都要反射光线,因而内部的反射能力很强,而向外则表现为相互干涉很强。所以,我们看到的条痕色,主要不是矿物的反射色,而是透射色。

(1)透明度高的矿物,其微粒几乎不吸收光线,因此其条痕为白色或略呈浅色。即使这些矿物因含少量色素离子或机械杂质,其大颗粒颜色很深,甚至为黑色,其条痕仍然是白色的。例如,常见的"暗色"造岩矿物——普通辉石和普通角闪石,其颜色为黑色,但条痕却是白色的。

(2)半透明矿物的微粒对透射光表现明显的吸收,因此其条痕呈现各种颜色。如辰砂的条痕为红色,孔雀石的条痕为绿色等,多数呈浅彩色类的颜色。

(3)不透明矿物的微粒也不透光,因此当其表面反射消失后,呈现出黑色条痕。例如:黄铁矿、黄铜矿、方铅矿、毒砂等许多具有不同金属色的硫化物皆为黑色条痕;自然金属具有很强的延展性,在素瓷上画出的条痕不是粉末而是覆盖在素瓷上的薄片,其表面仍然光滑,所以这部分矿物的条痕不呈黑色而呈与矿物颜色一致的金属色。但若进一步采用适当的方法,如在白纸上擦或用手擦,其条痕仍然是黑色的。

条痕消除了假色,减弱了他色,突出了自色,它比颜色更稳定,是鉴定矿物,尤其是区别金属和非金属矿物的重要鉴定特征之一。同时,条痕还可以帮助判别矿物的光泽等级和透明度等级。

三、矿物的光泽与透明度

矿物的透明度是矿物允许光线透过的程度。矿物的光泽是指矿物表面对可见光反射的强度和特点。

矿物透明度按透光的程度分为:透明、半透明、不透明。用肉眼直接观察矿物:隔着厚度为 0.03 mm 的矿物薄片,若可清晰地看到其后物体轮廓的细节,则矿物是透明的;若仅能见到其后物体的大致轮廓,则为半透明;若见不到其后物体,则为不透明。在实际操作中,一般利用矿物的条痕色来间接判断其透明度:条痕为无色、白色、浅色的矿物一般是透明的;条痕为浅彩色(浅褐、红、绿)的矿物一般是半透明的;条痕为深色的矿物(黑色或金属色)一般为不透明的。从颜色上来说,呈非金属色的矿物为透明或半透明的,具金属色的矿物为不透明的。矿物的透明度不同,对它们所采用的研究手段也不同。透明矿物和半透明矿物采用透射偏光显微镜观察、研究,而不透明矿物属于反射偏光显微镜研究的范畴。

矿物的光泽根据矿物新鲜平滑表面反射光的强弱和特点,配合矿物的条痕和透明度,可分为 4 级:

(1)金属光泽:反射最强,呈明显强烈的镜面反射,相应的矿物条痕深色,颜色呈金属色,不透明,如自然铜、方铅矿等。

(2)半金属光泽:反射比金属光泽弱,相应的矿物条痕呈深彩色至黑色,颜色呈金属色,不透明,如磁铁矿、铁闪锌矿等。

金属光泽和半金属光泽,两者没有确切的界线,主要根据条痕和反光的强弱进行综合判断。如磁铁矿和黑钨矿,前者条痕黑色,但反光明显较金属光泽弱;后者虽反光较强,但条痕深彩色,所以这两个矿物的光泽都只能定为半金属光泽。

(3)金刚光泽:反射很强,但呈钻石状的耀眼反光,即金刚石所具有的光泽特点。但一般来说,只要矿物不具有金属光泽的特点,也不具有玻璃光泽和其他变异光泽的特点,相应的矿物条痕呈浅彩色,半透明,即可定为金刚光泽。

(4)玻璃光泽:反射弱,呈平板玻璃一样的反光,相应的矿物条痕无色、白色、浅色,透明,颜色为非金属色。如方解石、石英、正长石、普通角闪石等绝大多数造岩矿物。

玻璃光泽和金刚光泽的共同特点是反光不像金属,但两者的划分也没有确切的界线,一般通过表面的反光特点和条痕色加以区别。

此外,描述矿物的光泽还可以用一些特殊光泽名称,如油脂光泽、丝绢光泽、蜡状光泽、珍珠光泽、土状光泽等,具体问题具体分析。

项目四 矿物描述

项目 4-2 矿物光学性质描述

矿物名称	颜色	条痕	光泽	透明度	其他

续表

矿物名称	颜色	条痕	光泽	透明度	其他

【成绩考核】

1. 自我评价与组员互评

自我评价与组员互评

实训名称		学号组别		姓名	
序号	考核项	分值	实训要求	自我评定	备注
1	实训态度	10	实训态度认真		
2	实训纪律	10	遵守实训纪律		
3	团队协作	10	团队协作能力强		
4	实训表填写完整度	15	实训表填写完整		
5	实训表填写准确度	15	实训内容填写准确		
6	实训表填写整洁度	10	字迹工整整洁		
7	实训内容完成时间	10	能按时完成各实训内容		
8	实训报告线上提交	15	内容齐全,次序合理,书写整洁美观		
9	分析问题和解决问题的能力	5	分析和解决实训问题能力强		

实训总结与反思:

组长评价:_____。

小组其他同学评价:_____、_____、_____、_____、_____。

2. 教师评价

实训指导教师评价

实训名称		学号组别		姓名	
序号	考核项	分值	实训要求	考核评定	备注
1	实训态度	10	实训态度认真		
2	实训纪律	10	遵守实训纪律		
3	团队协作	10	团队协作能力强		
4	实训表填写完整度	15	实训表填写完整		
5	实训表填写准确度	15	实训内容填写准确		
6	实训表填写整洁度	10	字迹工整整洁		
7	实训内容完成时间	10	能按时完成各实训内容		
8	实训报告线上提交	15	内容齐全,次序合理,书写整洁美观		
9	分析问题和解决问题的能力	5	分析和解决实训问题能力强		

存在问题:

指导教师:＿＿＿＿＿＿＿＿＿＿＿＿＿＿

评价时间:＿＿＿＿年＿＿月＿＿日

任务三 矿物力学及其他性质描述

一、解理

矿物晶体在外力作用下,沿着一定的结晶学方向破裂成一系列光滑平面的固有性质,叫作解理。裂成的光滑平面,叫作解理面。一般解理描述针对单晶体,而非隐晶集合体,对解理的描述从三个方面入手:方向、组数、等级。其中解理的等级分五级:

(1)极完全解理:极易获得解理,解理面大而平坦,极光滑,解理片极薄,如云母、石墨等的解理。

(2)完全解理:易获得解理,常裂成规则的解理块,解理面较大、光滑而平坦,如方解石、方铅矿等。

(3)中等解理:较易得到解理,但解理面不大,平坦和光滑程度也较差,碎块上既有解理面又有断口,如普通辉石等矿物的解理。

(4)不完全解理:较难得到解理,解理面小且不光滑平坦,碎块上主要是断口,如磷灰石、绿柱石。

(5)极不完全解理:很难得到解理,仅在显微镜下偶尔可见零星的解理面,石英一般认为没有解理。

解理的组数与方向可用单形符号来表示,因为单形符号表示的是一组呈对称关系的晶面,而解理面在晶体上的分布也与单形上的晶面一样具有对称关系。例如,方铅矿$\{100\}$解理有3组,方向为垂直晶轴;萤石$\{111\}$解理有4组,方向为与3个晶轴等距离相交;长石$\{010\}$有1组,方向为垂直Y轴。只要方向确定了,解理的夹角也就知道了,如方铅矿$\{100\}$3组解理互相垂直;萤石$\{111\}$4组解理不互相垂直。

此外,注意解理面与晶面的区别。解理面是一个破裂面,可以破裂到晶体内部,可以形成许多互相平行的解理面,呈层层阶梯状,阶梯的高度可以很大,而晶面只存在于晶体表面,虽然可以有生长阶梯,但阶梯的高度是很小的,总体上看还是一个平面,晶面上有晶面花纹(聚形纹、蚀像等)。

二、断口

具极不完全解理的矿物,尤其是没有解理的矿物就一定有断口,断口与解理成反相关,断口既可以描述单晶体,又可以描述隐晶集合体,只需根据断口形状进行描述,可分为贝壳状断口、锯齿状断口、参差状断口、土状断口等。

三、裂开

裂开是和解理类似的一种性质,但其产生的原因不同,表现也不完全一样。一个晶体因存在聚片双晶或定向包裹体等原因,而在受力后能沿双晶接合面或包裹体分布面等方向裂开成光滑平面的性质即为裂开,有时也称裂理。裂开可不描述等级。

四、硬度

矿物的硬度是指矿物抵抗某种外来机械作用力（如刻划、压入或研磨）的能力（强度）。通常用摩氏硬度计作为硬度等级的测试工具。摩氏硬度计将矿物的硬度划分为10级，摩氏硬度是一种相对硬度，应用时极为方便，但较粗略。因此，在对矿物做详细研究时，常需要测矿物的绝对硬度。通常采用的绝对硬度值是维克用压入法测定的，称为维氏硬度。但在矿物的肉眼鉴定或野外工作中通常只将硬度分为三级，用小刀（5.5）和指甲（2.5）来划分。

(1) 硬度>5.5，小刀刻不动。
(2) 硬度 2.5~5.5，小刀能刻动但指甲刻不动。
(3) 硬度<2.5，指甲能刻动。

在单矿物的新鲜面上刻画硬度，矿物的风化、杂质、矿物集合体的集合方式等都会降低矿物的硬度。还需要注意：一些脆性矿物，硬度往往是大于小刀的，但由于脆性而碎掉，往往表现为能被小刀刻划，这时可用矿物碎块刻划小刀，看能不能刻划动小刀来测试它的硬度。

五、比重

矿物的比重指纯净的单矿物在空气中的质量与4℃时同体积水的质量之比。其数值与密度的数值相同。在肉眼鉴定中，一般将矿物的比重分为四级：

轻：比重<2.5；中等：比重 2.5~4；重：比重 4~7；特重：比重>7。

肉眼鉴定矿物判断比重通常用手掂量法，根据对标准比重矿物的掂量，来体会不同比重矿物的感觉，再对未知矿物进行掂量来测试比重。

六、磁性

矿物的磁性指矿物能被永久磁铁或电磁铁吸引或排斥的性质，分为三级。

(1) 强磁性：矿物粉末能被永久磁铁吸起，如磁铁矿。
(2) 弱磁性：矿物粉末能被永久磁铁吸引，但不能跃至磁铁上，如铬铁矿。
(3) 无磁性：矿物粉末不能被永久磁铁吸引，如黄铁矿。

磁性是鉴定矿物的特征之一，特别在鉴定少数具强磁性矿物时尤为重要。磁性在矿物分选工作中具有重要实际意义。

七、弹性与挠性

弹性与挠性是针对纤维状或片状矿物的。纤维状矿物或片状矿物受外力产生弯曲，撤销外力作用后可恢复原来形状的，就是弹性矿物，否则就是挠性矿物。

项目 4-3 矿物力学及其他性质描述

矿物名称	解理	断口	硬度	比重	其他

续表

矿物名称	解理	断口	硬度	比重	其他

【成绩考核】
　　1. 自我评价与组员互评

自我评价与组员互评

实训名称			学号组别		姓名	
序号	考核项	分值	实训要求	自我评定	备注
1	实训态度	10	实训态度认真		
2	实训纪律	10	遵守实训纪律		
3	团队协作	10	团队协作能力强		
4	实训表填写完整度	15	实训表填写完整		
5	实训表填写准确度	15	实训内容填写准确		
6	实训表填写整洁度	10	字迹工整整洁		
7	实训内容完成时间	10	能按时完成各实训内容		
8	实训报告线上提交	15	内容齐全,次序合理,书写整洁美观		
9	分析问题和解决问题的能力	5	分析和解决实训问题能力强		
实训总结与反思:						
组长评价:＿＿＿＿＿＿＿＿＿＿＿＿＿＿＿＿。 小组其他同学评价:＿＿＿＿、＿＿＿＿、＿＿＿＿、＿＿＿＿、＿＿＿＿。						

2. 教师评价

实训指导教师评价

实训名称			学号组别		姓名	
序号	考核项	分值	实训要求		考核评定	备注
1	实训态度	10	实训态度认真			
2	实训纪律	10	遵守实训纪律			
3	团队协作	10	团队协作能力强			
4	实训表填写完整度	15	实训表填写完整			
5	实训表填写准确度	15	实训内容填写准确			
6	实训表填写整洁度	10	字迹工整整洁			
7	实训内容完成时间	10	能按时完成各实训内容			
8	实训报告线上提交	15	内容齐全,次序合理,书写整洁美观			
9	分析问题和解决问题的能力	5	分析和解决实训问题能力强			

存在问题：

指导教师：＿＿＿＿＿＿＿＿＿＿＿＿＿＿＿

评价时间：＿＿＿年＿＿＿月＿＿＿日

【思政小课堂】

中华文明历来崇尚天人合一，追求人与自然和谐共生。中国以生态文明思想为指导，贯彻新发展理念，坚持走生态优先、绿色低碳的发展道路。中国将力争2030年前实现碳达峰、2060年前实现碳中和。中国承诺实现从碳达峰到碳中和的时间，远远短于发达国家所用的时间，需要中方付出艰苦努力。

什么是"碳达峰"和"碳中和"？

碳达峰是指我国承诺2030年前，二氧化碳的排放不再增长，达到峰值之后逐步降低。

碳中和是指企业、团体或个人测算在一定时间内直接或间接产生的温室气体排放总量，然后通过植物造树造林、节能减排等形式，抵消自身产生的二氧化碳排放量，实现二氧化碳"零排放"。

为什么要提出碳中和？

气候变化是人类面临的全球性问题，随着各国二氧化碳排放，温室气体猛增，对生命系统形成威胁。在这一背景下，世界各国以全球协约的方式减排温室气体，我国由此提出碳达峰和碳中和目标。

此外，我国作为"世界工厂"，产业链日渐完善，国产制造加工能力与日俱增，同时碳排放量加速攀升。但我国油气资源相对匮乏，发展低碳经济，重塑能源体系具有重要安全意义。

近年来，我国积极参与国际社会碳减排，主动顺应全球绿色低碳发展潮流，积极布局碳中和，已具备实现碳中和条件。

实现碳中和，我们能干点啥？

碳中和目标的实现和我们每个个体都息息相关。及时关电脑、打开一扇窗、自备购物袋、种一棵树……只要你学会做减法：减排、减污、减负、减欲、减速，就能为碳中和、碳减排贡献自己的力量。

（摘自：光明网，https://kepu.gmw.cn/2021-03/09/content_34672420.htm，2021-03-09）

项目五　矿物的肉眼鉴定

【项目说明】

"未知矿物鉴定"方法,即不标明矿物标本的矿物名称,要求学生在系统观察、描述矿物的形态、颜色、条痕、光泽、透明度、解理、断口、硬度、比重等物理性质的基础上,对矿物标本进行未知鉴定。具体操作方法与步骤是:

(1)必须具备的知识。能够准确识别矿物的形态、光学性质和力学性质,记忆对肉眼鉴定矿物直接有帮助的其他相关性质,熟悉鉴定矿物性质的各种方法;熟悉要求掌握的常见矿物基本鉴定特征和相关性质;总结归纳并掌握矿物晶体化学分类中五个大类矿物的物性特征和特征规律;熟悉相似矿物的差异。

(2)未知矿物鉴定实例分析,肉眼鉴定矿物不能瞎猜,而应具有科学鉴别矿物的思路。实例分析如下:

①某未知矿物经初步鉴定得知其物性特征为:柱状,针状,铅黑色,条痕黑色,金属光泽,硬度小于小刀,一组柱面完全解理,解理面上有密集横纹,比重中等偏重,脆性。分析推论:由金属光泽判定该矿物不可能是含氧盐或卤化物;依柱状和针状形态可排除是石墨的可能;据完全解理和脆性推知其不是自然金属类矿物;氧化物类矿物中,自然排除玻璃光泽和金刚光泽的氧化物;在金属光泽的氧化物类矿物中,根据黑色条痕和硬度小于小刀,排除镜铁矿、黑钨矿、磁铁矿和铬铁矿,剩下软锰矿与待定矿物有一定程度的相似;在硫化物类矿物中,自然排除金刚光泽的单硫化物类;在金属光泽的硫化物类矿物中,据铅黑色和完全解理,排除毒砂、黄铁矿、黄铜矿、磁黄铁矿、斑铜矿和辉铜矿;又依形态和一组柱面完全解理,排除方铅矿、辉钼矿和铁闪锌矿,剩下辉锑矿与待定矿物有一定程度的相似。最后在软锰矿和辉锑矿的二选一中,分别采用 Mn^{4+} 和 Sb^{3+} 的简易化学分析确认待定未知矿物为辉锑矿无疑,解理面上有密集横纹是其重要特征。

②某未知矿物经初步鉴定得知其物性特征为:片状,铅灰色至钢灰色,条痕樱红色,金属光泽,一组完全解理,硬度近于小刀,重比重。分析推论如下:由金属光泽判定该矿物不可能是含氧盐或卤化物;从樱红色条痕判定其不可能是石墨;据片状形态和硬度较大推知其不是自然金属类矿物;氧化物类矿物中,自然排除玻璃光泽和金刚光泽的氧化物;在金属光泽的氧化物类矿物中,依樱红色条痕可排除软锰矿、黑钨矿、磁铁矿和铬铁矿,剩下镜铁矿与待定矿物有一定程度的相似;在硫化物类矿物中,自然排除金刚光泽的单硫化物类;在金属光泽的硫化物类矿物中,据樱红色条痕可排除所有矿物;最后,唯一相似的是镜铁矿,但镜铁矿是无解理的。据此鉴定和分析推论,所有矿物都对不上号,这表明对待定矿物的物性鉴定有误,必须找到问题的症结所在:如果真是具有一组完全解理的片状矿

物,硬度应该明显小于小刀,复核硬度和除解理外的其他物性鉴定都是正确的,显然,问题出在对矿物解理的判断上。经重新鉴定发现,所谓片状形态,实际是薄板状晶体,平整光亮的面不是解理面,而是薄板晶体的晶面,待定未知矿物是无解理的。因此,该待定未知矿物是镜铁矿无疑。

【项目任务】

  任务一 自然元素矿物、卤化物矿物鉴定;

  任务二 硫化物矿物鉴定;

  任务三 氧化物矿物、氢氧化物矿物鉴定;

  任务四 岛状、环状硅酸盐矿物鉴定;

  任务五 链状硅酸盐矿物鉴定;

  任务六 层状硅酸盐矿物鉴定;

  任务七 架状硅酸盐矿物鉴定;

  任务八 其他含氧盐矿物鉴定。

【项目成果】

  对矿物标本进行鉴定,记录内容、顺序和格式。

任务一 自然元素矿物、卤化物矿物鉴定

一、自然元素矿物

自然元素矿物超过50种,占地壳总质量的0.1%,不均匀分布。实训标本不多。自然金属矿物主要是自然铜、自然银、自然铂、自然金等,表现为金属色、不透明、金属光泽、强延展性、导电性和导热性、硬度低、无解理、比重大等特点;自然半金属元素由金属键逐步向多键性转变:如自然铋、自然锑、自然砷等,表现为金属性较强者,其物理性质趋向于接近金属自然元素矿物;非金属矿物主要视不同矿物而异,如金刚石、自然硫、石墨等,表现为硬度低、比重小、性脆、熔点低并易升华,其中金刚石和石墨差异较大。

二、卤化合物矿物

卤素化合物为金属阳离子与卤族(F、Cl、Br、I)阴离子相结合的化合物。卤素化合物矿物有100种左右,其中主要是氟化物和氯化物,而溴化物和碘化物则极少见。只要求掌握萤石和石盐,石盐很好鉴定。萤石呈立方体、八面体或菱形十二面体及它们的聚形,常见紫色、蓝色或绿色。玻璃光泽,硬度4,性脆,解理平行{111}完全,比重中等,显萤光性。

项目 5-1　矿物肉眼鉴定(一)

矿物名称	化学式	形态	颜色	条痕	光泽	透明度	硬度	解理/断口	比重	其他

【成绩考核】

1. 自我评价与组员互评

自我评价与组员互评

实训名称			学号组别		姓名	
序号	考核项	分值	实训要求		自我评定	备注
1	实训态度	10	实训态度认真			
2	实训纪律	10	遵守实训纪律			
3	团队协作	10	团队协作能力强			
4	实训表填写完整度	15	实训表填写完整			
5	实训表填写准确度	15	实训内容填写准确			
6	实训表填写整洁度	10	字迹工整整洁			
7	实训内容完成时间	10	能按时完成各实训内容			
8	实训报告线上提交	15	内容齐全,次序合理,书写整洁美观			
9	分析问题和解决问题的能力	5	分析和解决实训问题能力强			
实训总结与反思:						
组长评价:_____。						
小组其他同学评价:_____、_____、_____、_____。						

2. 教师评价

实训指导教师评价

实训名称		学号组别		姓名	
序号	考核项	分值	实训要求	考核评定	备注
1	实训态度	10	实训态度认真		
2	实训纪律	10	遵守实训纪律		
3	团队协作	10	团队协作能力强		
4	实训表填写完整度	15	实训表填写完整		
5	实训表填写准确度	15	实训内容填写准确		
6	实训表填写整洁度	10	字迹工整整洁		
7	实训内容完成时间	10	能按时完成各实训内容		
8	实训报告线上提交	15	内容齐全,次序合理,书写整洁美观		
9	分析问题和解决问题的能力	5	分析和解决实训问题能力强		

存在问题:

指导教师:＿＿＿＿＿＿＿＿＿＿

评价时间:＿＿＿年＿＿＿月＿＿＿日

任务二 硫化物矿物鉴定

硫化物及其类似化合物包括一系列金属元素与硫、硒、碲、砷等相化合的化合物。矿物有350种左右。根据阴离子的特点,把硫化物及其类似化合物分为三类:简单硫化物类(例如方铅矿PbS、黄铜矿$CuFeS_2$)、对硫化物类(例如黄铁矿$Fe[S_2]$、毒砂$Fe[AsS]$)、含硫盐类(例如黝铜矿$Cu_{12}[Sb_4S_{13}]$)。

我们常称的硫化物就是简单硫化物和对硫化物的总称,大多数硫化物具金属光泽,性脆,常发育完全解理。简单硫化物类矿物的硬度低于小刀,具金属光泽,具金刚光泽的简单硫化物均发育完好解理;对硫化物具较高的硬度,一般均大于小刀,无解理,熔点也不高。

此外,硫化物矿物的每种矿物都具有自己特有的颜色,可以依据其特殊的颜色鉴定此类矿物。例如:铜黄色的黄铜矿、铅灰色的方铅矿、锡白色的毒砂、钢灰色的辉铜矿、古铜色的斑铜矿、柠檬黄色的雌黄、橘红色的雄黄等。

项目 5-2 矿物肉眼鉴定（二）

矿物名称	化学式	形态	颜色	条痕	光泽	透明度	硬度	解理/断口	比重	其他

【成绩考核】

1. 自我评价与组员互评

自我评价与组员互评

实训名称		学号组别		姓名	
序号	考核项	分值	实训要求	自我评定	备注
1	实训态度	10	实训态度认真		
2	实训纪律	10	遵守实训纪律		
3	团队协作	10	团队协作能力强		
4	实训表填写完整度	15	实训表填写完整		
5	实训表填写准确度	15	实训内容填写准确		
6	实训表填写整洁度	10	字迹工整整洁		
7	实训内容完成时间	10	能按时完成各实训内容		
8	实训报告线上提交	15	内容齐全,次序合理,书写整洁美观		
9	分析问题和解决问题的能力	5	分析和解决实训问题能力强		

实训总结与反思：

组长评价：_____。

小组其他同学评价：_____、_____、_____、_____。

2. 教师评价

实训指导教师评价

实训名称		学号组别		姓名	
序号	考核项	分值	实训要求	考核评定	备注
1	实训态度	10	实训态度认真		
2	实训纪律	10	遵守实训纪律		
3	团队协作	10	团队协作能力强		
4	实训表填写完整度	15	实训表填写完整		
5	实训表填写准确度	15	实训内容填写准确		
6	实训表填写整洁度	10	字迹工整整洁		
7	实训内容完成时间	10	能按时完成各实训内容		
8	实训报告线上提交	15	内容齐全,次序合理,书写整洁美观		
9	分析问题和解决问题的能力	5	分析和解决实训问题能力强		

存在问题:

指导教师:＿＿＿＿＿＿＿＿＿＿＿＿

评价时间:＿＿＿年＿＿＿月＿＿＿日

任务三　氧化物矿物、氢氧化物矿物鉴定

氧化物和氢氧化物矿物是一系列金属阳离子与 O^{2-} 或 OH^- 相结合的化合物。这类矿物有 200 种左右。其中，石英族矿物就占了 12.6%，而铁的氧化物和氢氧化物占了 3.9%。

一、氧化物矿物

氧化物的硬度一般在 5.5 以上，比重根据具体矿物而定，含有重比重元素的矿物比重较大，比如钨、锡等氧化物矿物比重大。光学特性根据化学成分而定：含镁、铝、硅等惰性气体型离子的，通常为无色或浅色，玻璃光泽，透明至半透明；含铁、铬等过渡型离子的呈深色或者暗色，半金属光泽，不透明至微透明。

二、氢氧化物矿物

氢氧化物矿物的晶体结构一般呈层状或链状，因此硬度和比重一般没有氧化物矿物硬度高，光学特性与氧化物矿物变化相似，由于其外生成因，它们最主要的特点是：形态为皮壳状、蜂窝状、条带状、隐晶块状等；硬度不大；以"细分散多矿物集合体"的形式产出，虽以单矿物的名称命名，但不是单矿物如褐铁矿、铝土矿、硬锰矿等。

注意：

(1) 形态的观察描述不能以块状一概而论，要仔细认真观察其细微差别，可以观察到完好形态的，要根据其特征描述，如因其他原因看不清楚矿物形态，可以描述为块状。

(2) 光泽的描述要到其等级，如有特殊光泽，就具体问题具体分析，描述其特殊光泽。

(3) 解理的观察要细致，如果看不清楚，可以不描述，例如隐晶集合体。

项目 5-3　矿物肉眼鉴定（三）

矿物名称	化学式	形态	颜色	条痕	光泽	透明度	硬度	解理/断口	比重	其他

【成绩考核】

1. 自我评价与组员互评

自我评价与组员互评

实训名称		学号组别		姓名	
序号	考核项	分值	实训要求	自我评定	备注
1	实训态度	10	实训态度认真		
2	实训纪律	10	遵守实训纪律		
3	团队协作	10	团队协作能力强		
4	实训表填写完整度	15	实训表填写完整		
5	实训表填写准确度	15	实训内容填写准确		
6	实训表填写整洁度	10	字迹工整整洁		
7	实训内容完成时间	10	能按时完成各实训内容		
8	实训报告线上提交	15	内容齐全,次序合理,书写整洁美观		
9	分析问题和解决问题的能力	5	分析和解决实训问题能力强		

实训总结与反思：

组长评价：_____。

小组其他同学评价：_____、_____、_____、_____、_____。

2. 教师评价

实训指导教师评价

实训名称		学号组别		姓名	
序号	考核项	分值	实训要求	考核评定	备注
1	实训态度	10	实训态度认真		
2	实训纪律	10	遵守实训纪律		
3	团队协作	10	团队协作能力强		
4	实训表填写完整度	15	实训表填写完整		
5	实训表填写准确度	15	实训内容填写准确		
6	实训表填写整洁度	10	字迹工整整洁		
7	实训内容完成时间	10	能按时完成各实训内容		
8	实训报告线上提交	15	内容齐全，次序合理，书写整洁美观		
9	分析问题和解决问题的能力	5	分析和解决实训问题能力强		

存在问题：

指导教师：_____

评价时间：_____年____月____日

任务四　岛状、环状硅酸盐矿物鉴定

硅和氧是地壳中分布最广泛的两种元素,其矿物在自然界分布极为广泛,其总量占地壳总量的80%左右。它是主要造岩矿物,因而硅酸盐矿物是最重要的一类矿物。硅酸盐矿物根据其晶体结构中硅氧四面体的基本连接方式划分5个亚类:岛状、环状、链状、层状和架状。

岛状硅酸盐矿物:锆石、橄榄石、红柱石、蓝晶石、石榴石、黄晶、符山石等,其特征为:形态上一般为三向等长,也可出现柱状或片、板状。其解理发育根据形态而定:三向等长者,一般无解理;柱状者,一般有平行 C 轴的解理;片板状者一般有平行底面的解理。硬度大于小刀,颜色丰富多彩,而且同样一种矿物颜色多变,例如:石榴子石可以是红色、褐色、绿色等;电气石可以是黑色、红色、无色等,因此不能根据颜色来鉴别矿物。

环状硅酸盐矿物:绿柱石、电气石等。其特征为:形态上多呈柱状,甚至纤维状。一般无解理,如有则为平行于底面或柱面的解理。

项目 5-4 矿物肉眼鉴定（四）

矿物名称	化学式	形态	颜色	条痕	光泽	透明度	硬度	解理/断口	比重	其他

【成绩考核】
　　1. 自我评价与组员互评

自我评价与组员互评

实训名称		学号组别		姓名	
序号	考核项	分值	实训要求	自我评定	备注
1	实训态度	10	实训态度认真		
2	实训纪律	10	遵守实训纪律		
3	团队协作	10	团队协作能力强		
4	实训表填写完整度	15	实训表填写完整		
5	实训表填写准确度	15	实训内容填写准确		
6	实训表填写整洁度	10	字迹工整整洁		
7	实训内容完成时间	10	能按时完成各实训内容		
8	实训报告线上提交	15	内容齐全,次序合理,书写整洁美观		
9	分析问题和解决问题的能力	5	分析和解决实训问题能力强		

实训总结与反思：

组长评价：_____。

小组其他同学评价：_____、_____、_____、_____、_____。

2. 教师评价

实训指导教师评价

实训名称		学号组别		姓名	
序号	考核项	分值	实训要求	考核评定	备注
1	实训态度	10	实训态度认真		
2	实训纪律	10	遵守实训纪律		
3	团队协作	10	团队协作能力强		
4	实训表填写完整度	15	实训表填写完整		
5	实训表填写准确度	15	实训内容填写准确		
6	实训表填写整洁度	10	字迹工整整洁		
7	实训内容完成时间	10	能按时完成各实训内容		
8	实训报告线上提交	15	内容齐全,次序合理,书写整洁美观		
9	分析问题和解决问题的能力	5	分析和解决实训问题能力强		

存在问题：

指导教师：_____

评价时间：____年___月___日

任务五　链状硅酸盐矿物鉴定

链状硅酸盐矿物有单链和双链之别,其中辉石族为单链,闪石族为双链,其形态特征均以纤维状、柱状形态居多,颜色随铁元素含量变化,深浅不一,硬度一般大于小刀,解理完全,比重中等。两族在很多方面有许多相似性,但是也存在区别。

项目5-5　辉石族(单链)和闪石族(双链)对比

特性	辉石族	角闪石族
共同点	链状结构。常因含Fe而为深浅不同的绿色和黑色,有时具棕色或褐色,玻璃光泽。两组解理//{110}。比重中等,一般为3左右,硬度5~6	
不同点	1. 单链结构,络阴离子为$[Si_2O_6]^{4-}$； 2. 成分中无$(OH)^-$； 3. 短柱状、柱状、断面假正方形； 4. {110}解理中等,夹角87°和93°； 5. 形成的温度、压力较高,主要产于基性和超基性岩浆岩(如辉长岩和辉石岩),以及深变质相岩石(如榴辉岩)中。与其共生的矿物主要是橄榄石、基性斜长石等,但共生的浅色矿物总含量较少(一般为20%)	1. 双链结构,络阴离子为$[Si_4O_{11}]^{6-}$； 2. 成分中含有$(OH)^-$； 3. 长柱状、针状、纤维状、断面假六方形； 4. {110}解理完全,夹角124°和56°； 5. 形成于较富含挥发分的条件下,其形成的温度、压力也较辉石低,也可由辉石蚀变成角闪石。主要产于中性岩浆岩(如闪长岩),以及中级变质相岩石(如角闪岩)中。与其共生的多为中性斜长石,共生的浅色矿物总含量较多(一般为50%左右)

注意:
(1)普通辉石矿物大多是短柱状,透辉石可以是纤维状、长柱状。
(2)链状硅酸盐中,含Fe的颜色会深一点,含Ca、Mg的颜色一般为浅色。
(3)区别辉石族矿物与闪石族矿物可以通过解理夹角,但是在标本上除了找到近于垂直柱体的切面,其他则很难看清两组解理的夹角。

项目 5-6　矿物肉眼鉴定（五）

矿物名称	化学式	形态	颜色	条痕	光泽	透明度	硬度	解理/断口	比重	其他

【成绩考核】

1. 自我评价与组员互评

自我评价与组员互评

实训名称		学号组别		姓名	
序号	考核项	分值	实训要求	自我评定	备注
1	实训态度	10	实训态度认真		
2	实训纪律	10	遵守实训纪律		
3	团队协作	10	团队协作能力强		
4	实训表填写完整度	15	实训表填写完整		
5	实训表填写准确度	15	实训内容填写准确		
6	实训表填写整洁度	10	字迹工整整洁		
7	实训内容完成时间	10	能按时完成各实训内容		
8	实训报告线上提交	15	内容齐全,次序合理,书写整洁美观		
9	分析问题和解决问题的能力	5	分析和解决实训问题能力强		

实训总结与反思：

组长评价：_____。

小组其他同学评价：_____、_____、_____、_____、_____。

2. 教师评价

实训指导教师评价

实训名称		学号组别		姓名	
序号	考核项	分值	实训要求	考核评定	备注
1	实训态度	10	实训态度认真		
2	实训纪律	10	遵守实训纪律		
3	团队协作	10	团队协作能力强		
4	实训表填写完整度	15	实训表填写完整		
5	实训表填写准确度	15	实训内容填写准确		
6	实训表填写整洁度	10	字迹工整整洁		
7	实训内容完成时间	10	能按时完成各实训内容		
8	实训报告线上提交	15	内容齐全,次序合理,书写整洁美观		
9	分析问题和解决问题的能力	5	分析和解决实训问题能力强		

存在问题:

指导教师:_____

评价时间:____年___月___日

任务六　层状硅酸盐矿物鉴定

层状硅酸盐矿物分布较广，以黏土矿物分布最多，其特性由其特殊的层状结构决定，主要特征为：形态均呈假六方片状、短柱状或隐晶集合体，硬度较小，比重不高，有一组平行层状结构的极完全解理，解理面可见珍珠光泽，云母族矿物具有弹性，黏土矿物具有可塑性，其颜色因为含铁的原因深浅不一。

层状硅酸盐的结构是非常典型的，也是相对简单的，就是由四面体层（T）和八面体层（O）组成，有三种主要的结构单元层形式，分别是：TOT 型、TO 型、TOTO′型。

（1）对于 TOT 型，有云母族、滑石族、蒙脱石族、蛭石族。其特点是：当四面体片中无 Al^{3+} 代 Si^{4+} 的现象时，其结构单元层之间无任何离子，结构单元层之间仅靠微弱的分子键联系，这就决定了硬度可能低至小于指甲，而且解理薄片具挠性，手摸具滑感，如滑石和叶蜡石；当四面体中出现 Al^{3+} 代 Si^{4+} 时，为了平衡电价，必然在层间域空隙内充填 K^+ 或 Na^+ 等半径大、电价低的碱金属离子，这样，其结构单元层之间的联系力为弱的离子键，这种弱的离子键力比分子键和氢氧键明显地强，但又比 T 片和 O 片之间的离子键弱得多，这就决定硬度可明显地近于或大于指甲，并导致解理薄片具弹性，如白云母、黑云母；此外，为平衡 Al^{3+} 代 Si^{4+} 的电价，也可能在层间域充填氢氧镁石层（如绿泥石）或水合离子层（如蒙脱石）。这样，其结构单元层之间的联系力仅靠微弱的电荷余额的引力，这就决定了矿物的硬度可低至小于指甲（如蒙脱石），如果电荷余额的引力主要形成了氢氧键，其硬度可略为提高（如绿泥石），但它们的解理薄片具挠性。

（2）对于 TO 型，有高岭石族、蛇纹石族。其特点一般不出现 Al^{3+} 代 Si^{4+} 的情况，其结构单元层之间的联系力主要靠弱的氢氧键力，这种键力比分子键力强，因而表现在矿物的硬度上可明显地近于或大于指甲，如蛇纹石的硬度可明显地大于滑石，但解理薄片仍具挠性。至于高岭石的硬度明显比蛇纹石低，这可能与 Al^{3+} 和 Si^{4+} 的排斥力大，引起结构的松弛所致有关。

（3）对于 TOTO′型的有绿泥石。绿泥石单斜晶系，晶体呈假六方板状。集合体呈鳞片状、土状或球粒状。绿色，但带有黑、棕、橙黄、紫、蓝等不同色调，含铁元素者颜色较深，玻璃光泽，解理面珍珠光泽，土状者暗淡，解理完全，硬度较低，比重较低，含铁元素高的硬度稍高。

此外，不同结构类型的硅酸盐矿物，甚至非硅酸盐矿物，蚀变风化的最终产物，往往是层状结构硅酸盐，例如长石易转变为高岭石；辉石、角闪石经常蚀变成绿泥石；又如石榴子石在特殊条件下可蚀变或风化成绿泥石，橄榄石极易蚀变成蛇纹石等。因此，可以认为在表生作用下，层状硅酸盐较之类似组分的其他硅酸盐矿物具有较大的稳定性。

注意：

（1）许多层状硅酸盐解理很发育，但是由于隐晶集合体产出，难以看到。

（2）要注意挠性、弹性、可塑性、吸水性等性质的观察。

项目 5-7　矿物肉眼鉴定（六）

矿物名称	化学式	形态	颜色	条痕	光泽	透明度	硬度	解理/断口	比重	其他

【成绩考核】

1. 自我评价与组员互评

自我评价与组员互评

实训名称		学号组别		姓名	
序号	考核项	分值	实训要求	自我评定	备注
1	实训态度	10	实训态度认真		
2	实训纪律	10	遵守实训纪律		
3	团队协作	10	团队协作能力强		
4	实训表填写完整度	15	实训表填写完整		
5	实训表填写准确度	15	实训内容填写准确		
6	实训表填写整洁度	10	字迹工整整洁		
7	实训内容完成时间	10	能按时完成各实训内容		
8	实训报告线上提交	15	内容齐全,次序合理,书写整洁美观		
9	分析问题和解决问题的能力	5	分析和解决实训问题能力强		

实训总结与反思：

组长评价：_____。

小组其他同学评价：_____、_____、_____、_____。

2. 教师评价

实训指导教师评价

实训名称			学号组别		姓名	
序号	考核项	分值	实训要求	考核评定	备注	
1	实训态度	10	实训态度认真			
2	实训纪律	10	遵守实训纪律			
3	团队协作	10	团队协作能力强			
4	实训表填写完整度	15	实训表填写完整			
5	实训表填写准确度	15	实训内容填写准确			
6	实训表填写整洁度	10	字迹工整整洁			
7	实训内容完成时间	10	能按时完成各实训内容			
8	实训报告线上提交	15	内容齐全,次序合理,书写整洁美观			
9	分析问题和解决问题的能力	5	分析和解决实训问题能力强			

存在问题:

指导教师:_____

评价时间:____年___月___日

任务七　架状硅酸盐矿物鉴定

架状硅酸盐矿物最主要的特征是：通常呈白色或者浅色、硬度较高，相比重偏低。架状硅酸盐矿物中最重要的是长石族，它在各种各样的岩石中都可以产出，其中在岩浆岩中产出较大，占比60%，变质岩中含量其次，占比30%，其余的10%则分布在沉积岩中，主要是泥质沉积岩和碎屑岩中。

长石族矿物最主要的特征是：色浅，硬度大于小刀，两组垂直或近于垂直的解理发育，常见卡斯巴双晶或聚片双晶。

长石族矿物正是以K、Na、Ca三种阳离子成分为主的铝硅酸盐。以K[AlSi$_3$O$_8$]、Na[AlSi$_3$O$_8$]、Ca[Al$_2$Si$_2$O$_8$]三组分组成的三元相图（据Vogt，Makinen，Deer等综合）（见图5-1），表明了在不同温度下三组分的类质同象关系及由此决定的矿物分类。当某一岩浆由于冷却而结晶时，其原始组分，一般说来应落在C区，但由于C区是一个互不混溶区，随着冷结晶过程，必分裂为两个系列：一为Or~Ab系列，二为Ab~An系列。Or~Ab—不连续（不完全）类质同象系列—钾长石（正长石或碱性长石）亚族；Ab-An—连续（完全）类质同象系列—斜长石亚族。

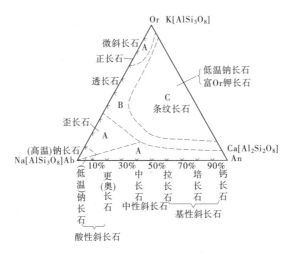

图5-1　长石族矿物的三元相图

在Or和Ab间，虽然K、Na同为碱金属，但半径相差太大（37%），只有在高温时（660 ℃以上）才能以任意比例相互混合组成稳定的晶体；当温度降低时，两者间只能在一定限度内彼此混溶，呈不完全类质同象关系，即在低温条件下发生类质同象分解，形成的主要矿物种有：在高温条件下结晶出透长石，含钠长石分子最高可达70%，温度较低时结晶出含钠长石分子最高达30%的正长石，温度更低时，则结晶出微斜长石，当微斜长石含Rb（或Cs）而呈绿色时，则特称为天河石；钠长石跨两个系列，含钾的钠长石形成温度较高，属于Or~Ab系列；因此由透长石、正长石、微斜长石、天河石、高温钠长石组成的Or~Ab不连续系列，因含Or又称之为碱性长石系列，由该系列矿物构成正长石（碱性长石或钾长石)亚族。

在 Ab 和 An 间,由于 Na 和 Ca 半径比较靠近(相差 2%),Al^{3+} 和 Si^{4+} 半径相差也只有 21%,所以在任意温度条件下都能以任意比例相互混溶,形成稳定的晶体。该系列根据 Ab 与 An 的不同含量比在一定区间范围内的变化进一步划分出不同的矿物种,即含 An 90%~100% 为钙长石,含 An 90%~70% 为培长石,含 An 50%~70% 为拉长石,含 An 30%~50% 为中长石,含 An 10%~30% 为更(奥)长石,含 An 0~10% 为钠长石(不含 Or);由上述各种长石组成的 Ab~An 连续系列,因含 An 又称之为斜长石系列,由该系列矿物构成斜长石亚族。

各种斜长石中含 An 的百分含量称为斜长石的牌号。根据不同牌号的斜长石与不同 SiO_2 含量的岩浆岩(不同类型的岩浆岩)的共生关系,又可将斜长石系列分为以下几种:

(1) 基性斜长石。与基性、超基性岩浆共生的斜长石统称为基性斜长石,其牌号范围为:An 100%~50%。

(2) 中性斜长石。与中性岩浆岩共生的斜长石统称为中性斜长石,其牌号范围为:An 50%~30%。

(3) 酸性斜长石。与酸性岩浆岩共生的斜长石统称为酸性斜长石,其牌号范围为:An 30%~0。

在 An 和 Or 间的类质同象,即使在高温下也是很有限的;碱性长石和钾长石可以看成是同义词,两者都是所有含 Or 的长石的总称,即包括透长石、正长石、微斜长石、天河石(含 Rb 和 Cs 的绿色微斜长石变种)、含 Or 的钠长石等矿物种;显然,斜长石就是 Ab-An 系列中所有牌号长石的总称,即包括含 An 的钠长石、更长石、中长石、拉长石、培长石、钙长石。

肉眼鉴别钾长石和斜长石是比较困难的,然而根据它们的晶形、双晶、颜色、解理和共生矿物等,也可初步鉴定。最后确定矿物种需借助于显微镜观察,也可通过染色法区别,方法为:

(1) 首先,在矿物颗粒表面或岩石磨光面上涂以氢氟酸,片刻后(十几秒至数十秒钟后)以水冲洗干净;然后用亚硝酸钴钠溶液涂在表面上,1 min 后,再以水洗净。钾长石被染成明显的黄色(干后,颜色更清楚,长期保存其色不变);斜长石则仍为灰白色,石英也无变化。

(2) 如果进一步做斜长石染色,则可用上述已染过色的斜长石标本,以水冲洗表面,然后滴以 1% 的 $BaCl_2$ 溶液,再滴数滴蒸馏水或用其他软水冲洗其表面 1~2 次;再滴上玫瑰红酸钠溶液,等 1~2 min 后,斜长石即被染成红色。但此时,被染黄色的钾长石则仍然不变(注意斜长石被染的红色不能持久不变)。

重点注意,钾长石和不同类型斜长石与石英和其他造岩矿物的共生与产状关系。

项目5-8　钾长石与斜长石对比

矿物	矿物特征
钾长石	1. 常见卡尔斯巴双晶和格子状双晶,没有聚片双晶; 2. 两组解理(001)∧(010)= 90°; 3. 晶体形态常呈粗短柱状; 4. 颜色为肉红色或白色; 5. 常与石英、黑云母等共生,产于浅色岩石中,如花岗岩、正长岩、伟晶岩等;在花岗岩中,钾长石可与酸性斜长石共生; 6. 次生变化多成高岭石,变化后表面带浅褐色(由于有氧化铁析出),$4K[AlSi_3O_8] + 4H_2O + 2CO_2 \rightarrow Al_4[Si_4O_{10}](OH)_8$(高岭石)$+ 8SiO_2 + 2K_2CO_3$; 7. 染色实验,显黄色
斜长石	1. {001}解理面上常见聚片双晶纹; 2. 两组解理(001)∧(010)近于90°; 3. 常呈板状; 4. 常为白色、灰色、偶见红色; 5. 基性斜长石常与普通辉石、橄榄石等共生,产于辉长岩、斜斑玄武岩中;中性斜长石常与普通角闪石共生,产于闪长岩中;酸性斜长石常与石英、钾长石、黑云母等共生,产于花岗岩中; 6. 次生变化多成绢云母,变化表面带浅灰色,$3Ca[Si_2Al_2O_8] + K_2O + 2H_2O \rightarrow 2KAl_2[AlSi_3O_{10}](OH)$(绢云母)$+ 3CaO$; 7. 染色实验,显红色

注意:

(1)长石的双晶类型具有特征性,仔细观察不同的双晶类型,例如卡式双晶、聚片双晶、格子双晶等。其中,条纹长石的条纹结构及文象结构都是很典型、很常见的现象,注意观察这些结构。

(2)沸石一般都产出在岩浆岩的气孔里,呈粉末状、纤维状或杏仁状。

(3)似长石(白榴石、霞石)很难鉴定,一般要通过其他测试手段。

项目 5-9 矿物肉眼鉴定（七）

矿物名称	化学式	形态	颜色	条痕	光泽	透明度	硬度	解理/断口	比重	其他

续表

矿物名称	化学式	形态	颜色	条痕	光泽	透明度	硬度	解理/断口	比重	其他

续表

矿物名称	化学式	形态	颜色	条痕	光泽	透明度	硬度	解理/断口	比重	其他

【成绩考核】

1. 自我评价与组员互评

自我评价与组员互评

实训名称		学号组别		姓名	
序号	考核项	分值	实训要求	自我评定	备注
1	实训态度	10	实训态度认真		
2	实训纪律	10	遵守实训纪律		
3	团队协作	10	团队协作能力强		
4	实训表填写完整度	15	实训表填写完整		
5	实训表填写准确度	15	实训内容填写准确		
6	实训表填写整洁度	10	字迹工整整洁		
7	实训内容完成时间	10	能按时完成各实训内容		
8	实训报告线上提交	15	内容齐全,次序合理,书写整洁美观		
9	分析问题和解决问题的能力	5	分析和解决实训问题能力强		

实训总结与反思：

组长评价：_____。

小组其他同学评价：_____、_____、_____、_____、_____。

2. 教师评价

实训指导教师评价

实训名称			学号组别		姓名	
序号	考核项	分值	实训要求		考核评定	备注
1	实训态度	10	实训态度认真			
2	实训纪律	10	遵守实训纪律			
3	团队协作	10	团队协作能力强			
4	实训表填写完整度	15	实训表填写完整			
5	实训表填写准确度	15	实训内容填写准确			
6	实训表填写整洁度	10	字迹工整整洁			
7	实训内容完成时间	10	能按时完成各实训内容			
8	实训报告线上提交	15	内容齐全,次序合理,书写整洁美观			
9	分析问题和解决问题的能力	5	分析和解决实训问题能力强			

存在问题:

指导教师:＿＿＿＿＿＿＿＿＿＿

评价时间:＿＿＿年＿＿月＿＿日

任务八　其他含氧盐矿物鉴定

其他含氧盐矿物包括碳酸盐、硫酸盐、钨酸盐、磷酸盐、硝酸盐、硼酸盐等。

碳酸盐矿物鉴定物理特性为：硬度不大，一般不超过4.5；非金属光泽，大部分为白色或者无色，含锰离子的呈现玫瑰红色，含铜离子的呈现鲜绿或者鲜蓝色，含稀土或铁元素的呈现褐色；遇稀盐酸起泡；解理发育，解理夹角一般不是直角。

硫酸盐矿物鉴定物理特性为：硬度低，一般在2~3.5；比重中等，在2~4，如果含有钡元素或者铅元素，比重可达6~7；矿物颜色一般为白色或者无色，但是含有色离子元素的除外，例如含铁元素会呈现黄褐或者蓝绿色，含铜元素呈现蓝绿色，含锰元素或钴元素呈红色；解理发育，解理夹角有直角的，也有不是直角的。

钨酸盐矿物鉴定物理特性为：比重大，可高达8.13；硬度不高，一般小于4.5；颜色一般较浅，钨铅矿颜色较深。

磷酸盐矿物鉴定物理特征为：本类矿物成分复杂，种类繁多，鉴定特性上变化范围较大，大多数矿物硬度为中低，最高不大于6.5，比重的变化范围也较大，最小可达1.81，最大可达7.14，颜色随着含铁、铜、锰等元素而变得较为鲜艳。

硝酸盐矿物鉴定物理特征为：颜色一般为无色透明或者白色，当含有铜离子时为绿色，溶解度较大，比重一般较低，为1.5~3.5，硬度较低，一般为1.5~3.0。

硼酸盐矿物鉴定物理特征为：颜色一般为无色或者白色，当含有铁离子、锰离子等元素时呈现深色，甚至为黑色。硬度变化范围较大，一般为中等或者低硬度，极少数硬度高达7~7.5，比重一般在4以下。

注意：

(1)碳酸盐类矿物的鉴定为滴稀盐酸是否起泡，而起泡程度或是否需加热起泡等特性可以鉴定为哪种碳酸盐类矿物。

(2)要注意观察并区别方解石解理面与晶面：解理面层层破裂，可以形成高差较大的阶梯；晶面相对光泽暗淡，有晶面花纹或溶蚀坑。

项目 5-10 矿物肉眼鉴定(八)

矿物名称	化学式	形态	颜色	条痕	光泽	透明度	硬度	解理/断口	比重	其他

【成绩考核】

1. 自我评价与组员互评

自我评价与组员互评

实训名称		学号组别		姓名	
序号	考核项	分值	实训要求	自我评定	备注
1	实训态度	10	实训态度认真		
2	实训纪律	10	遵守实训纪律		
3	团队协作	10	团队协作能力强		
4	实训表填写完整度	15	实训表填写完整		
5	实训表填写准确度	15	实训内容填写准确		
6	实训表填写整洁度	10	字迹工整整洁		
7	实训内容完成时间	10	能按时完成各实训内容		
8	实训报告线上提交	15	内容齐全,次序合理,书写整洁美观		
9	分析问题和解决问题的能力	5	分析和解决实训问题能力强		

实训总结与反思：

组长评价：_____。

小组其他同学评价：_____、_____、_____、_____、_____。

2. 教师评价

实训指导教师评价

实训名称		学号组别		姓名	
序号	考核项	分值	实训要求	考核评定	备注
1	实训态度	10	实训态度认真		
2	实训纪律	10	遵守实训纪律		
3	团队协作	10	团队协作能力强		
4	实训表填写完整度	15	实训表填写完整		
5	实训表填写准确度	15	实训内容填写准确		
6	实训表填写整洁度	10	字迹工整整洁		
7	实训内容完成时间	10	能按时完成各实训内容		
8	实训报告线上提交	15	内容齐全,次序合理,书写整洁美观		
9	分析问题和解决问题的能力	5	分析和解决实训问题能力强		

存在问题:

指导教师:＿＿＿＿＿＿＿＿

评价时间:＿＿＿年＿＿月＿＿日

【思政小课堂】

全社会都做生态文明建设的实践者、推动者,让祖国天更蓝、山更绿、水更清、生态环境更美好。

习近平生态文明思想,深刻回答了为什么建设生态文明、建设什么样的生态文明、怎样建设生态文明等重大理论和实践问题,指引美丽中国建设迈出重大步伐,推动我国生态环境保护发生历史性、转折性、全局性变化。习近平生态文明思想传承中华民族优秀传统生态智慧,吸收人类现代文明进步和全球可持续发展知识,顺应时代绿色发展潮流和人民群众对美好生态环境的诉求意愿,体现了推动构建人与自然生命共同体和人类命运共同体的天下情怀,既是中国推动经济社会发展全面绿色转型、建设人与自然和谐共生现代化的根本思想遵循,也是人类社会由工业文明向生态文明范式转型的宝贵思想财富。

习近平生态文明思想,建立在坚实的科学理性基础上,突出强调自然界的运行规律,吸收现代科技最新成果等,充分体现了马克思主义唯物辩证法,是对马克思主义唯物史观的继承和发展,是对人类关于自身、社会和大自然的科学认知的极大拓展。

闪耀着马克思主义唯物史观和唯物辩证法的光辉

马克思主义唯物史观认为,物质生产力是全部社会生活的物质基础,发展生产力必须尊重自然规律,不能以破坏生态环境为代价。习近平生态文明思想从人类文明发展史的高度,抓住了"生产力"这一推动人类社会文明变迁的根本性变革力量,反复强调,推进生态文明建设、保护和改善生态环境就是发展生产力。

准确把握大自然物质循环规律和马克思主义自然辩证法

习近平生态文明思想的科学性,体现为对大自然物质循环规律的把握,对人与自然生命共同体安危休戚关系的揭示。习近平生态文明思想指导我们认识物质世界、自然世界和人类社会运行的本质规律,更好保护我们赖以生存的自然生态环境,更好保护全人类同一个地球家园,推动人类社会走向更高的文明形态。

高度重视科技创新和经济规律,是对马克思主义政治经济学的重大创新

习近平生态文明思想的科学性,还体现在对科技创新的重视上,体现出马克思主义政治经济学的理论品格。无数事实证明,文明的发展离不开科技创新和科技进步,解决环境问题,建设生态文明,同样离不开科学发现、技术发明和产品创新。绿色发展是生态文明建设的必然要求,产业绿色化和绿色产业化代表了当今科技变革和产业发展的方向,是最有前途的发展领域。

(摘自:光明网,https://m.gmw.cn/baijia/2022-04-01/35627876.html,2022-04-01,光明日报,高世楫)

附录 矿物肉眼鉴定简表

附表1 金属或半金属

附表1-1 金属或半金属光泽,硬度<2.5(指甲可以划动)

颜色	条痕	硬度	特征描述	矿物名称
铁黑	黑	1~2	细小裂片状,纤维状或放射状集合体	软锰矿
钢灰至铁黑	黑至绿黑	1~1.5	{0001}解理极完全,片状,有滑腻感	石墨
铅灰	黑至绿黑	1~1.5	{0001}解理极完全,片状,以其在瓷釉上条痕为黑绿色可与石墨区别	辉钼矿
铅灰	灰黑	2.5	{100}立方体解理完全,晶体呈立方体状,常呈柱状集合体,比重7.6	方铅矿
铅灰	灰黑	2	{010}解理完全,常多带有横纹的柱状晶体,易在烛焰中熔融	辉锑矿
红至朱红	亮红	2~2.5	{1010}解理完全,金刚光泽,常呈粒状块体,比重8.1	辰砂
红至朱红	红棕	1左右	土状,晶态者硬度大并呈黑色	赤铁矿
灰黑	黑色;可污纸	2~2.5	常为块状或土状,易被划割,新鲜划痕钢灰色,但极易氧化而变暗	螺硫银矿
靛青蓝	黑色;可污纸	1.5~2	六方板状或片状晶体少见,呵气后变为紫色,常为粉末状或被膜状	铜蓝

附录 矿物肉眼鉴定简表

附表 1-2 金属或半金属光泽，硬度 2.5~5.5（小刀可以划动）

颜色	条痕	硬度	特征描述	矿物名称
铁黑	黑色	1~2	细小裂片状，纤维状或放射状集合体	软锰矿
灰黑	黑色	3	常为刀片状晶体集合体，{110}解理完全，与其他铜矿物共生	硫砷铜矿
灰黑	黑色	2~3	放射状或羽毛状集合体，在烛焰中易熔	脆硫锑铅矿
淡铜红	黑色	2.5~3	短柱状晶体，以其双晶凹人角为特征，在烛焰中易熔	车轮矿
新鲜面暗铜红；不新鲜面紫色	黑色	5~5.5	常为块状，可被绿色的镍华所覆盖	红镍矿
暗青铜黄	黑色	3	块状，与其他铜矿物伴生	斑铜矿
暗青铜黄	黑色	4	小碎片，具磁性，通常与黄铜矿、黄铁矿伴生在一起的块状	磁黄铁矿
黄铜黄	黑色	3.5~4	具八面体解理，以不具磁性可与磁黄铁矿区别	镍黄铁矿
黄铜黄	黑色	3.5~4	通常为块状，晶体为四面体状	黄铜矿
扯体黄铜黄；晶体带绿的色调	黑色	3~3.5	毛发状晶体的放射状集合体，具{1011}解理	针镍矿
黑	黑或带棕的黑	5~6	葡萄状呈钟乳状，常与软锰矿伴生	硬锰矿
铜灰，不新鲜表面呈铁黑色	黑或微带棕的黑	3~4.5	块状或四面体晶体，常与黄铜矿物伴生	黝铜矿
锡白，不新鲜面呈铁黑色	灰黑	2.5~3	用小刀刻划时留下光亮痕迹，常呈致密块状，与其他铜矿物伴生	辉铜矿
锡白，不新鲜面深灰	灰黑	3.5	常呈肾状、葡萄状、块状，燃烧时呈白色火焰，并产生强烈蒜臭味	自然砷
锡白至铜黄	灰黑	2	常呈被膜状集合体或板状条状晶体，{010}解理发育，在烛焰中易熔金银	针碲金银矿
锡白至铜黄	灰黑	2.5	不规则块状或具深条纹的薄条板状晶体，以无解理可与针碲金银矿区别	碲金矿

续附表 1-2

颜色	条痕	硬度	特征描述	矿物名称
铁黑至棕黑	深棕至黑	5.5	沥青光泽，常在橄榄石中呈团块状，具弱磁性	铬铁矿
棕黑至铁黑	深棕至黑	5~5.5	{010}解理完全，含Mn高者条痕和颜色都深，比重7.1~7.5	黑钨矿
钢灰至铁黑		4	纤维放射状或结晶质块体、束状集合体等，常与软锰矿共生	水锰矿
深棕至黑，少数呈黄至红	浅棕至深棕	3.5~4	{110}解理完全(六个方向)，粒状集合体，晶体为四面体状	闪锌矿
深红至黑		2.5	{1011}解理发育，在烛焰中可熔，小碎片现深红宝石红色	浓红银矿
红棕至深红		3.5~4	块状，晶体形态为八面体或立方体，也可呈细板长的晶体	赤铜矿
红宝石红	浅红	2~2.5	{1011}解理发育，在烛焰中熔化，与浓红银矿伴生	淡红银矿
深棕至黑	黄棕	5~5.5	{010}解理，放射纤维状、钟乳状，晶体少见	针铁矿
深红至朱红	深红	2.5	具{1011}解理，粒状或土状，纯净者呈透明至半透明，鲜红色；比重8.10	辰砂
新鲜面铜红，失去光泽则黑	闪亮的铜红	2.5~3	延展性强，不规则粒状、树枝状等，比重8.90	自然铜
新鲜面银白，失去光泽则黑	闪亮的银白	2.5~3	延展性强，不规则粒状、丝状、薄片状、分叉集合体，比重10.5	自然银
白或钢灰	闪亮的灰	4~4.5	具延展性，不规则粒状或块状，比重14~19	自然铂
带红色色调的银白	闪亮的银白	2~2.5	{0001}解理完全，在烛焰中熔化，延展性弱，比重9.8	自然铋
金黄	闪亮的金黄	2.5~3	具强延展性，不规则粒状、块状、叶片状，比重特重，15.0~19.3	自然金

附表1-3 金属或半金属光泽,硬度>5.5(小刀无法刻划)

颜色	条痕	硬度	特征描述	矿物名称
银白或锡白	黑色	5.5~6	常为块状,晶体为假正交晶系,晶面上常见纵纹	毒砂
银白或锡白	黑色	5.5~6	常为块状,五角十二面体晶体,常为桃红色的钴华所覆盖	方钴矿
银白或锡白	黑色	5.5	常为五角二面体的晶体,表面常为桃红色钴华所覆盖	辉砷钴矿
铜红至带有粉红色调的银白	黑色	5~5.5	常为块状,可被绿色的镍华所覆盖	红镍矿
浅黄铜黄	黑色	6~6.5	常为五角十二面体或晶面有条纹的立方体,粒状、块状等	黄铁矿
浅黄至白	黑色	6~6.5	鸡冠状集合体和放射纤维状块体	白铁矿
黑	黑色	6	具强磁性,八面体晶体,有时具人面体裂理	磁铁矿
黑	深棕至黑	5.5	半金属光泽,粒状块体或葡萄状、钟乳状、肾状等,比重9.0~9.7	晶质铀矿
黑	深棕至黑	5.5~6	具弱磁性,常与磁铁矿伴生,粒状块晶体、板状晶体	钛铁矿
黑	深棕至黑	5~6	致密块状,钟乳状,葡萄状等	硬锰矿
黑	深棕至黑	6	新鲜面光泽耀眼,但不新鲜面光泽暗淡并微带蓝色,粒状或短柱状晶体	铌铁矿-钽铁矿
棕至黑	深棕	5~5.5	{010}解理完全,含有多种条痕及颜色都较深,比重7.1~7.5	黑钨矿
深棕、钢灰、黑	红棕、印度红	6	具弱磁性,粒状或人面晶体	锌铁尖晶石
棕至黑	红棕、印度红	5.5~6.5	块状、鲕状、肾状、云母片状,晶体为斜方晶系	赤铁矿
棕至黑	浅棕	6~6.5	常为柱状晶体,柱面有纵纹,膝状双晶常见	金红石
黑棕、黑	黄棕	5~6.5	具{010}解理,放射纤维状,钟乳状,晶体少见	针铁矿

附录 2 非金属

附表 2-1 非金属光泽,条痕呈浅彩色

颜色	硬度	条痕	特征描述	矿物名称
暗红至朱红	2.5	暗红	{1010}解理完全,粒状或土状,金刚光泽,比重8.1	辰砂
红棕,透明者红至宝石红	3.5~4	红棕	块状或立方体,八面体晶体,有时为细针状晶体	赤铜矿
深棕,钢灰,黑	5.5~6.5	红棕	肾状,块状,钟乳状,铁黑色菱面体晶体少见,有些亚种硬度小	赤铁矿
红至粉红	1.5~2.5	粉红	{010}解理完全,通常为肾状,粉末或土状覆盖在钴矿物表面	钴华
深棕至黑	5~5.5	黄棕	{010}解理,放射纤维状,钟乳状,晶体少见	针铁矿
深棕至黑	5~5.5	棕	{010}解理完全,条痕随Mn含量的增加而变深,比重7.1~7.5	黑钨矿
浅棕至深棕	3.5~4	棕	常成由具解理的小晶体组成的粒状集合体,菱面体晶面弯曲,加热后具磁性	菱铁矿
浅棕至深棕	3.5~4	浅棕	{110}解理完全(六个方向),常为粒状集合体,四面体晶体	闪锌矿
棕至黑	6~7	浅棕	膝状双晶常见,晶体柱状,晶面上具纵纹,双晶常见,由于比重大,性质稳定而常出现于砂矿中,比重7	锡石
红棕至黑	6~6.5	浅棕	柱状晶体,晶面上具纵纹,双晶常见	金红石
红	2.5~3	橘黄	金刚光泽,细长晶体,呈网脉状,在烛焰中易爆裂	铬铅矿
深红	1.5~2	橘黄	土状者常见,常与雌黄伴生,在烛焰中熔化	雄黄
柠檬黄	1.5~2	浅黄	{010}解理完全,树脂光泽,常与雄黄伴生,在烛焰中熔融	雌黄
浅黄	1.5~2.5	浅黄	燃烧时具蓝色火焰,并发出SO₂的臭味,晶体或粒状,土状集合体	自然硫
深翠绿	3~3.5	浅绿	具{010}一个方向的完全解理,与蓝铜矿伴生,在冷盐酸中起泡	氯铜矿
绿	3.5~4	浅绿	放射纤维状,钟乳状的放射状集合体,晶体或粒状,在冷盐酸中起泡	孔雀石
深天蓝	3.5~4	浅蓝	细小晶体的放射状集合体,与铜的氧化物矿物伴生	蓝铜矿
浅绿	2~4	浅蓝	致密块状的非晶质体,与铜化物矿物伴生	硅孔雀石

附录 矿物肉眼鉴定简表

附表 2-2 非金属光泽,条痕白色,硬度<2.5(指甲可以划动)

颜色	硬度	特征描述	矿物名称
浅棕,绿,黄,白	2~2.5	叶片状,鳞片状,晶体呈六边形或菱形断面的板状,一个方向极完全解理,解理片具弹性	白云母
深棕,绿,黑,黄	2.5~3	不规则叶片状,鳞片状,六边形轮廓的晶体少见,一个方向极完全解理,解理片具弹性	黑云母
黄棕,绿,白	2.5~3	常呈六边形板状晶体或不规则叶片状块体,一个方向极完全解理,解理片具弹性	金云母
绿	2~2.5	不规则叶片状块体或细小鳞片状致密块体,一个方向极完全解理,解理片可弯曲,但不具弹性	绿泥石
白,苹果绿,灰,不纯时深灰,深绿黑	1~2	油脂光泽,常为叶片状或鳞片状集合体或致密块状集合体,一个方向极完全解理,二者很难用肉眼区别	滑石
白,绿,灰	2.5	一个方向极完全解理,解理面珍珠光泽,厚板块状体或叶片状集合体,解理片可弯曲但无弹性	叶蜡石
白	2~2.5	致密土状,有土腥味,解理不显著	水镁石
无色或白	2	溶解于水中,味苦,立方体晶体,立方体解理,与石盐相似,但硬度较小	高岭石
无色,白,灰或其他杂色	2	平行{010}的板状晶体,纤维状或块状集合体,{010}解理极完全,{100}、{011}解理中等	钾石盐
无色或白色	1~2	呈皮壳状盐华状,易溶于水,味微咸	石膏
无色或白色	2	常呈皮壳状,须发针状,味苦,解理平行{011}完全	钠硝石
浅黄	1.5~2.5	燃烧时火焰呈蓝色,并发出 SO_2 臭味,晶体或粒状,土状集合体,不平坦断口	钾硝石
黄,棕,灰,白	1~3	鲕状,豆状,肾状,土状等,含有其他杂质,一般大于2.5,解理不显著,不平坦断口	自然硫
白色	1	通常为细纤维状或细针状晶体集合成的圆球形集合体,解理罕见	铝土矿
			硼钠钙石

附表2-3 非金属光泽，条痕白色，2.5~5.5（小刀可以划动）

颜色	硬度	特征描述	矿物名称
浅紫、灰白	2.5~4	晶体常呈六边形的柱状，不规则小片或鳞片状集合体，{001}一个方向的完全解理	锂云母
粉红、灰、白	3.5~5	不规则叶片状块体，叶片性脆，{001}一个方向的完全解理	珍珠云母
无色或白、灰	3	粒状集合体，{001}和{100}两个方向的完全解理	贫水硼砂
无色、白、红、蓝	2.5	易溶于水中，味咸，单晶体立方体，集合体粒状、块状，立方体解理完全	石盐
无色、白、蓝、灰、红	3~3.5	相互垂直的三个方向解理，因颗粒细而显不显著，常呈多姿多态，菱面体表现明显的块状集合体	硬石膏
无色、白、各种浅色	3	在稀盐酸中剧烈起泡，晶形多姿多态，晶面多弯曲，透明度高的表现明显的双折射现象	方解石
无色、白、粉红	3.5~4	菱面体解理完全，菱面体晶面常弯曲，晶面上呈珍珠光泽，粉末在稀盐酸中起泡	白云石
无色、白、蓝、黄红	3~3.5	板状晶体的集合体，三个方向解理完全，{001}与{210}解理相互垂直，底面解理呈珍珠光泽，比重较重:4.5	重晶石
无色、白、蓝、红	3~3.5	与重晶石相似，三个方向解理完全，{001}与{210}解理相互垂直，但比重较小，烧灼时火焰为深红色	天青石
无色、白	2~2.5	溶于水中，一个方向的中等解理，但少见，皮壳状或呈柱状集合体，细小碎片在烛焰中熔化	硼砂
无色、白色	2.5	半透明的块体，将其粉末置于水中，几乎见不到颗粒，解理不显著，细小碎片或板状晶体，在冷硝酸中起泡，有时候可见三个方向的裂理	冰晶石
无色、白色	3~3.5	金刚光泽，粒状块体或板状晶体，在冷硝酸中起泡，细小碎片在烛焰中熔化	白铅矿
橄榄绿、黄绿、墨绿、白	2~5	块状或放射纤维状，块状变种常有绿色斑块，解理不显著	蛇纹石
无色或白	3.5	常为放射状团块，粒状块体，假六方晶体少见，在稀盐酸中起泡	碳钡矿
黄、红宝石红	3	树脂光泽，解理不显著	钒铅矿
黄、棕、白、绿	3.5~4	以放射状半球集合体为特征，解理罕见	银星石

续附表 2-3

颜色	硬度	特征描述	矿物名称
无色,白,浅绿,黄,玫瑰红	4.5~5	具纵纹的柱状晶体,一个方向解理显著,底面解理面上呈珍珠光泽,其他部位玻璃光泽	鱼眼石
白,黄,棕,红	3.5~4	以束状晶体集合体为特征,有时晶体平板状,一个方向解理显著,解理面呈珍珠光泽	辉沸石
白,浅绿,蓝	4.5~5	放射状集合体,也可呈钟乳状,解理不常见	异极矿
无色,白	3.5~4	在稀盐酸中起泡,常呈放射状集合体,假六方双晶,解理不完全	文石
白,黄,灰,棕	3.5~5	常为致密块体,也可为细到粗粒的块体,在热盐酸中起泡,菱面体解理	菱镁矿
浅至深棕	3.5~4	块体,菱面体晶面常弯曲,加热后具磁性,菱面体解理	菱铁矿
粉红,玫瑰红,棕	3.5~4.5	块状,晶体为菱面体块状,颜色为其重要特征,菱面体解理	菱锰矿
棕,绿,蓝,粉红,白	5	葡萄状集合体或蜂窝状块体,在冷盐酸中起泡,菱面体解理少见	菱锌矿
无色,紫,绿黄,粉红	4	常呈立方体晶体,萤石双晶常见,{111}八面体解理	萤石
黄,棕,白	3.5~4	树脂光泽至金刚光泽,菱面体晶体,细小四面体晶体,常为粒状块体,{110}菱形十二面体解理显著	闪锌矿
白,灰,红	4	菱面体晶体,粒状块体,{0001}解理不清楚	明矾石
白,黄,绿,棕	4.5~5	树脂至金刚光泽,块状,八面体晶体,常与石英伴生,具发光性,比重 6.1	白钨矿
黄,橙,红,灰,绿	3	金刚光泽,常为六方形板状晶体,也可为粒状块体,比重 6.8,无解理	钼铅矿
白,黄,红	3.5~4	{010}一个方向解理,解理面上呈珍珠光泽,其他部位呈玻璃光泽,晶体板状,产于岩浆岩空洞中	片沸石
白,鲜红,黄	4~5	晶面夹角近 90°的菱面体晶体,充填于岩浆岩空洞中,菱面体解理	菱沸石

附表 2-4 非金属光泽,条痕白色或无色,硬度 5.5 左右

颜色	硬度	特征描述	矿物名称
无色,绿,蓝,紫,棕	5	六方柱状晶体或块体,底面解理不完全	磷灰石
灰,绿,黄	5~5.5	金刚光泽或树脂光泽,晶体信封状,柱状解理不常见	榍石
白,绿,黑	5~6	长柱状,纤维石棉状晶体,两个方向解理,柱状解理夹角56°、124°,常见的造岩矿物	闪石
灰,丁香棕,绿	5.5~6	纤维状集合体,柱状解理夹角 56°、124°	直闪石或铁闪石
白,绿,黑	5~6	横切面方近于直角的短柱状晶体,是一族常见的造岩矿物,两个方向解理近于90°	辉石
玫瑰红,粉红,棕	5.5~6	块状或粒状集合体,颜色是重要的鉴定特征,纤维状或页片状,颜色随含铁量增多变深,两个方向解理近于90°	蔷薇辉石
灰,棕,绿,古铜棕,黑	5.5	晶体柱状,但罕见,一般为块状,易蚀变,柱状解理不显著	顽辉石
白,粉红,灰,绿,棕	5~6	柱状晶体或粒状块体,镶嵌粒状块体,与霞石共生的似长石矿物,不与石英共生,{110}菱形十二面体解理显著	方柱石
蓝,白,灰,绿	5.5~6	贝壳状断口,贵蛋白石具变彩,比重和硬度都比石英小	方钠石
无色,白,黄,红,棕	5~6	细小晶体或磨圆的颗粒	蛋白石
黄棕到红棕	5~5.5	细小晶体,与似长石矿物或黄铁矿共生,菱形十二面体晶体发育	独居石
深天蓝,带绿的蓝	5~5.5	块状或纤维状集合体,{001}、{100}两个方向解理	青金石
无色,白,灰	5~5.5	细长柱状晶体,柱面具纵纹,放射状集合体,充填于岩浆岩空洞中,无解理	硅灰石
白,无色	5~5.5	玻璃光泽,四角三八面体晶体,充填于岩浆岩空洞中,无解理	钠沸石
白,无色	5~5.5	嵌生于暗色火岩浆中的四角三八面体晶体,似长石矿物之一,不与石英共生	方沸石
灰,灰,带红或绿色调	5.5~6	油脂光泽,块状,六方柱状晶体少见,似长石矿物之一,不与石英共生,无解理	白榴石
无色或带绿色调	5.5~6		霞石

附表 2-5　非金属光泽，条痕白色或无色，硬度>5.5

颜色	硬度	特征描述	矿物名称
蓝色，中心颜色往往较深	5~7	刀片状晶体的集合体，平行延长方向可被小刀刻划，但垂直此方向则划不动（二硬性），{100}解理显著	蓝晶石
棕至沥青黑	5.5~6	板状晶体，块状或镶嵌粒状，无解理	褐帘石
黑绿、黄绿	6~7	晶面具纵纹的柱状晶体，见于变质岩和灰岩中，{001}一个方向解理	绿帘石
灰白、绿、粉红	6~6.5	晶面具深纹的柱状晶体，块状，玻璃光泽，{001}、{100}两个方向的解理，解理面为珍珠光泽	斜黝帘石
灰褐、棕	6~7	晶体长柱状，纤维状集合体，见于变质岩片岩中，{010}一个方向完全解理	夕线石
白、灰、淡紫、黄绿	6.5~7	晶体薄板状，{010}一个方向解理，解理面上珍珠光泽，与刚玉、珍珠云母及绿泥石伴生	硬水铝石
无色、白、灰、奶油、红、绿	6	柱状或厚板状晶体，重要的造岩矿物之一，显微镜下确切切定名，与正长石区别	正长石或微斜长石
无色、白、灰、蓝，有的具有变彩	6	近于垂直的两个方向解理，解理面上可见聚片双晶纹	斜长石
白、灰、粉红、绿	6.5~7	晶面具纵纹的扁平柱状晶体，块状，产于伟晶岩中，两个方向的解理近于垂直，常发育{100}裂理	锂辉石
无色	7	在岩浆岩空洞中以细小晶体产出，需用偏光显微镜才能鉴定，无解理	鳞石英
无色	7	在岩浆岩中以球状集合体产出，需用偏光显微镜才能鉴定，无解理	方石英
无色、白、烟灰等各种颜色	7	为六方锥体的六方柱状晶体或胶体状充填于空洞中，柱面上有横纹，在岩石中为带油脂光泽的颗粒，无解理	石英
亮棕、黄、红、绿	7	蜡状光泽，隐晶质状集合体或块状，解理不显著	石髓
蓝绿、绿	6	肾状或钟乳状块状体，解理不显著	绿松石
苹果绿、灰、白	6~6.5	能见到晶面具纵纹的肾状、钟乳状块体，以蝶形细结状集合体最为特征，解理不显著	葡萄石
橄榄绿、灰绿、棕	6.5~7	在基性岩中呈散粒状或团块状	橄榄石

续附表 2-5

颜色	硬度	特征描述	矿物名称
黑、绿、棕、蓝、红、粉红	7~7.5	断面呈弧线三角形的柱状晶体，放射状集合体，常见于伟晶岩中，解理不显著	电气石
绿、棕、黄、蓝、红	6.5	柱面带纵纹的柱状晶体，柱状或粒状集合体，常见于结晶灰岩中，解理不显著	符山石
红棕至棕红	7~7.5	晶体柱状，贯穿的"十字形"X形双晶常见，表面很易蚀变，并变得松散，见于片岩中，解理不显著	十字石
红棕、鲜红、橄榄绿	7.5	断面近方形的柱状晶体，断面常可见到黑"十"字，见于片岩中，解理不显著	红柱石
棕、黑	6~7	条痕亮棕色，柱状晶体、膝状双晶常见，比重大，常见于坡积物或砂矿中，解理不显著	锡石
红棕、黑	6~6.5	柱面具纵纹的柱状晶体，晶体常为细针状，比重4.18~4.25，解理不显著	金红石
蓝、无色者少见	7~7.5	镶嵌粒状或块状，与石英相似，常因蚀变而使硬度降低，解理不显著	堇青石
无色、黄、粉红、绿、棕	8	柱状晶体，粗到细粒状集合体，产于结晶灰岩中，解理不显著	黄玉
红、黑、蓝、绿、棕	8	八面体晶体，双晶常见，常产于结晶灰岩中，{010}，{110}三个方向解理显著	尖晶石
无色、浅蓝、灰	8	片岩中的柱状晶体，有时晶面弯曲，有一方向解理显著	硬柱石
无色、黄、蓝、红、黄、棕、黑	10	金刚至玻璃光泽，晶体桶状，菱面体，无解理，[111]四个方向解理常见，裂面碎块可近于立方体形	金刚石
无色、灰、红、粉红、无色	9	六方柱状晶体呈假六方，底面解理不完全	刚玉
蓝、绿、黄、翠绿	7.5~8	平板状晶体三八面体双晶，解理不显著	绿柱石
黄、灰、白	8.5	致密块状，性极坚韧，解理不显著	金绿宝石
绿、灰、白	6.5~7	菱形十二面体，四角三八面体，或二者的聚形，作为岩浆岩和结晶岩的副矿物出现，变质岩中也常见，解理不显著	硬玉
棕、红、黄、绿、粉红	6.5~7.5		石榴子石

参考文献

[1]罗谷风.基础结晶学与矿物学[M].南京:南京大学出版社,1993.
[2]赵珊茸.结晶学及矿物学实习指导[M].北京:高等教育出版社,2011.